"十四五"高等职业教育计算机类新形态一体化系列教材

云计算
集群技术及应用

千锋教育◎组编 | 高小辉 杨 湧◎主编

中国铁道出版社有限公司
CHINA RAILWAY PUBLISHING HOUSE CO., LTD.

内 容 简 介

本书为"十四五"高等职业教育计算机类新形态一体化系列教材之一,以实用的案例进行概念讲解,并提供了具体的实例以让读者快速练习、高效掌握云计算集群技术在企业中的应用。

全书基于集群技术和负载均衡技术讲解Linux集群的实现,以及如何在复杂的项目环境中架设一个高可用的Linux集群。全书共9章,内容包括集群基础知识、Web服务集群、数据库集群、NFS存储集群、Keepalived高可用集群方案、LVS四层负载集群、HAProxy七层负载集群,在此基础上完成两个大型网站集群架构实训项目。本书附有源代码、习题、教学课件等资源,为了帮助初学者更好地学习,编者还提供了在线答疑服务,希望可以帮助更多的读者。

本书适合作为高等职业院校计算机及相关专业的教材,也可作为运维工程师、云计算工程师等相关从业人员的参考读物。

图书在版编目（CIP）数据

云计算集群技术及应用 / 千锋教育组编；高小辉,杨湧主编.—北京：中国铁道出版社有限公司,2024.4

"十四五"高等职业教育计算机类新形态一体化系列教材

ISBN 978-7-113-30852-0

Ⅰ.①云… Ⅱ.①千… ②高… ③杨… Ⅲ.①云计算–高等职业教育–教材 Ⅳ.① TP393.027

中国国家版本馆 CIP 数据核字（2024）第 006228 号

书　　名：**云计算集群技术及应用**

作　　者：千锋教育　高小辉　杨湧

策　　划：祁　云

责任编辑：祁　云　包　宁　　　　编辑部电话：（010）63549458

封面设计：尚明龙

责任校对：刘　畅

责任印制：樊启鹏

出版发行：中国铁道出版社有限公司（100054，北京市西城区右安门西街8号）

网　　址：https://www.tdpress.com/51eds/

印　　刷：北京盛通印刷股份有限公司

版　　次：2024年4月第1版　2024年4月第1次印刷

开　　本：850 mm × 1 168 mm　1/16　印张：16　字数：438 千

书　　号：ISBN 978-7-113-30852-0

定　　价：56.00 元

版权所有　侵权必究

凡购买铁道版图书,如有印制质量问题,请与本社教材图书营销部联系调换。电话：（010）63550836

打击盗版举报电话：（010）63549461

序

党的二十大报告指出："加强企业主导的产学研深度融合，强化目标导向，提高科技成果转化和产业化水平。强化企业科技创新主体地位，发挥科技型骨干企业引领支撑作用，营造有利于科技型中小微企业成长的良好环境，推动创新链产业链资金链人才链深度融合。"报告中使用了"强化企业科技创新主体地位"的全新表达，特别强调要"加强企业主导的产学研深度融合"。

为了更好地贯彻落实党的二十大精神，北京千锋互联科技有限公司和中国铁道出版社有限公司联合组织开发了"'十四五'高等职业教育计算机类新形态一体化系列教材"。本系列教材编写思路：通过践行产教融合、科教融汇，紧扣产业升级和数字化改造，满足技术技能人才需求变化。本系列教材力争体现如下特色：

1. 设置探索性实践性项目

编者面对IT技术日新月异的发展环境，不断探索新的应用场景和技术方向，紧随当下新产业、新技术和新职业发展，并将其融合到高职人才培养方案和教材中。本系列教材注重理论与实践相融合，坚持科学性、先进性、生动性相统一，结构严谨、逻辑性强、体系完备。

本系列教材设置探索性科学实践项目，以充分调动学生学习积极性和主动性，激发学生学习兴趣和潜能，增强学生创新创造能力。

2. 立体化教学服务

（1）高校服务

千锋教育旗下的锋云智慧提供从教材、实训教辅、师资培训、赛事合作、实习实训，到精品特色课建设、实验室建设、专业共建、产业学院共建等多维度、全方位服务的产教融合模式，致力于融合创新、产学合作、职业教育改革，助力加快构建现代职业化教育体系，培养更多高素质技术技能人才。

锋云智慧实训教辅平台是基于教材专为中国高校打造的开放式实训教辅平台，为高校提供高效的数字化新形态教学全场景、全流程的教学活动支撑。平台由教师端、学生端构成，教师可利用平台中的教学资源和教学工具，构建高质量的教案和高效教辅流程。同时教师端和学生端可以实现课程预习、在线作业、在线实训、在线考试等教学环节和学习行为，以及结果分析统计，提升教学效果，延伸课程管理，推进"三全育人"教改模式。扫下方二维码即可体验该平台。

（2）教师服务

教师服务群（QQ群号：713880027）是由本系列教材编者建立的，专门为教师提供教学服务，分享教学经验、案例资源，答疑解惑，进行师资培训等。

锋云智慧公众号

（3）大学生服务

"千问千知"是一个有问必答的IT学习平台，平台上的专业答疑辅导老师承诺在工作日的24小时内答复读者学习时遇到的专业问题。本系列教材配套学习资源可通过添加QQ号2133320438或扫下方二维码索取。

千锋教育是一家拥有核心教研能力以及校企合作能力的职业教育培训企业，2011年成立于北京，秉承"初心至善，匠心育人"的企业文化，以坚持面授的泛IT职业教育培训为根基。公司现有教育培训、高校服务、企业服务三大业务板块。教育培训分为大学生职业技能培训和职后技能培训；高校服务主要提供校企合作全解决方案与定制服务。

千问千知公众号

本系列教材编写理念前瞻、特色鲜明、资源丰富，是值得关注的一套好教材。我们希望本系列教材能实现促进技能人才培养质量大幅提升的初衷，为高等职业教育的高质量发展起到推动作用。

千锋教育

2023年8月

前言

如今，科学技术与信息技术快速发展和社会生产力变革对IT行业从业者提出了新的需求，从业者不仅要具备专业技术能力、业务实践能力，更需要培养健全的职业素质，复合型技术技能人才更受企业青睐。高校毕业生求职面临的第一道门槛就是技能与经验，教材也应紧随新一代信息技术和新职业要求的变化及时更新。

本书倡导理实一体，实战就业。引入企业项目案例，针对重要知识点，精心挑选案例，将理论与技能深度融合，促进隐性知识与显性知识的转化。案例讲解包含设计思路、集群架构分析、疑点剖析。从动手实践的角度，帮助读者逐步掌握前沿技术，为高质量就业赋能。

本书在章节编排上采用循序渐进的方式，内容全面。在阐述中尽量避免使用生硬的术语和枯燥的公式，从项目开发的实际需求入手，将理论知识与实际应用相结合，促进学习和成长，快速积累项目开发经验，从而在职场中拥有较高起点。

随着云计算在各行各业的应用越来越深入，通过集群软件系统将多台服务器连接并组成一个服务器集群，提供一个高性能、高可用的平台和服务，越来越成为客户的基本需求。本书基于集群技术和负载均衡技术讲解Linux集群的实现，以及如何在复杂的项目环境中架设一个高可用的Linux集群。

本书主要内容如下：

第1章：主要介绍集群核心概念、集群的分类、负载均衡、服务器健康检查等集群基础知识。

第2章：主要介绍Web服务集群，包括LAMP和LNMP平台的搭建、负载均衡器Nginx以及Web集群实战案例。

第3章：主要介绍数据库集群，包括数据库集群架构、数据库主从复制案例、数据库读写分离案例。

第4章：主要介绍NFS存储集群，包括NFS系统原理、NFS存储实战案例、NFS共享数据实时推送备份案例。

第5章：主要介绍Keepalived高可用集群方案，包括高可用集群的实现原理、Keepalived工作原理、Keepalived单主模式案例、Keepalived双主模式案例。

第6章：主要介绍LVS四层负载集群，包括LVS原理架构、LVS工作模式、LVS-NAT四层负载集群案例、LVS-DR四层负载集群案例。

第7章：主要介绍HAProxy七层负载集群，包括HAProxy概念和特点、负载均衡的性能对比、HAProxy配置文件的解析、HAProxy七层负载集群案例、HAProxy日志配置策略。

第8章：大型网站集群架构项目一，主要对本书的重点知识（如Web集群、数据库集群、LVS四层负载、Nginx七层负载等）进行回顾。

第9章：大型网站集群架构项目二，主要对本书的重点知识（如HAProxy七层负载、Keepalived高可用软件、共享存储集群等）进行回顾。

通过对本书的系统学习，希望能帮助读者提升自己的专业技能，优化自己的网站架构，对今后的学习有所助益。

本书由北京千锋互联科技有限公司高教产品部组编，高小辉、杨湧任主编，参与人员有邢梦华、李伟等。除此之外，千锋教育的500多名学员参与了本书的试读工作，他们站在初学者的角度对本书提出了许多宝贵的修改意见，在此一并表示衷心的感谢。

在本书的编写过程中，虽然力求完美，但难免有一些不足之处，欢迎各界专家和读者朋友们给予宝贵的意见，联系方式：textbook@1000phone.com。

编　者

2024年2月

目 录

第 1 章 集群基础知识 1
    1.1 集群简介 1
    1.2 集群的分类 3
    1.3 负载均衡 5
    1.4 服务器健康检查 15
    小结 17
    习题 17

第 2 章 Web 服务集群 19
    2.1 Web 服务集群简介 19
    2.2 搭建 LAMP 平台 20
    2.3 搭建 LNMP 平台 28
    2.4 Nginx 负载均衡 35
    2.5 Web 集群业务上线 40
    小结 51
    习题 52

第 3 章 数据库集群 53
    3.1 数据库简介 53
    3.2 数据库集群简介 54
    3.3 数据库集群架构 55
    3.4 数据库主从复制实战 57
    3.5 数据库读写分离实战 71
    小结 82
    习题 82

第 4 章 NFS 存储集群 84
    4.1 NFS 介绍 84
    4.2 NFS 原理 86
    4.3 NFS 存储实战训练 88
    4.4 NFS 共享数据实时推送备份案例 102
    小结 109
    习题 109

第 5 章 Keepalived 高可用集群方案 111
    5.1 高可用集群简介 111

5.2 Keepalived 简介 113
5.3 Keepalived 高可用服务——单主模式实例 114
5.4 Keepalived 高可用服务——双主模式实例 123
小结 130
习题 130

第 6 章　LVS 四层负载集群 132
6.1 LVS 简介 132
6.2 LVS-NAT 四层负载集群实战案例 137
6.3 LVS-DR 四层负载集群实战案例 145
小结 151
习题 152

第 7 章　HAProxy 七层负载集群 153
7.1 HAProxy 简介 153
7.2 HAProxy 配置文件解析 155
7.3 HAProxy 七层负载集群实战案例 159
7.4 HAProxy 日志配置策略 165
小结 167
习题 168

第 8 章　大型网站集群架构项目一 170
8.1 项目准备 170
8.2 部署 LeadShop 网站 173
8.3 资源共享 185
8.4 部署 Nginx 七层负载 189
8.5 部署 LVS 四层负载 192
8.6 数据库集群 199
小结 224
习题 224

第 9 章　大型网站集群架构项目二 225
9.1 项目准备 225
9.2 LNMP 部署网站 227
9.3 部署数据库服务器 233
9.4 共享存储 239
9.5 共享存储实时备份 241
9.6 部署 HAProxy 七层负载 243
小结 248
习题 248

第 1 章　集群基础知识

学习目标

◎ 熟悉集群的核心概念。
◎ 熟悉集群的分类及常用软件。
◎ 熟悉四层和七层负载均衡的技术原理。
◎ 熟悉负载均衡的主要方式。
◎ 了解服务器健康检测原理。

这里通过一个例子帮助读者理解集群的概念。假设有一家餐馆，最初只有一个厨师负责所有工作，包括洗菜、切菜、备料和炒菜等。但随着客人数量的增加，一个厨师已经无法满足所有需求。于是，老板决定再雇用一位厨师，这两个厨师可以一起炒菜，提高烹饪效率，这就是一个简单的集群。如果餐馆规模和客流量继续增加，可以继续招募更多的厨师，他们共同组成的团队也称为集群。在本章中，我们将主要介绍集群的基础知识。

1.1　集群简介

1.1.1　集群的核心概念

在介绍集群的概念之前，首先需要了解什么是单机结构。单机结构指所有应用或服务都部署在一台服务器上。然而，随着业务规模的不断扩大，单机的处理能力会变得有限，从而无法满足业务需求。

集群（Cluster）是指由一组（多台）相同应用或服务的服务器组成的一个并行或分布式系统，作为一个整体向用户提供网络资源。组成集群的单个服务器称为节点（Node），这些节点可以相互通信和协同工作，为用户提供相同的资源。一个节点的宕机并不会影响其他节点的运行和用户使用。每个节点就像是单机的"分身术"，集群的处理能力随着节点数量的增加而成倍提升。

关于集群的概念，我们不可避免地要提到负载均衡和高可用性。所谓负载均衡（Load Balance，LB），是指将工作任务分配到多个服务器上进行执行，例如Web服务器、企业核心应用服务器、FTP服务器等，协同处理任务。当大量用户请求集群系统时，通过负载均衡器使每个节点的负载情况相对平均，以实现集群节点分担流量的作用。而高可用性（High Availability，HA），则是指保证服务的高可用性，即一个系统不会因一台服务器发生故障或宕机而导致服务停止。如果某个节点服务器故障，负载均衡器将会把请求转移到其他节点上，实现冗余接管，从而保证系统的高可用性。对于商用网站，即使是访问量较小的服务或应用，也需要至少部署两台服务器来构成集群，以保证高可用性。

集群结构常常与分布式结构协同合作，相互辅助。我们可以通过前面的例子来理解这个概念：两个厨师一起洗菜、切菜、备料、炒菜，共同完成同样的工作，这就构成了一个集群。老板为了让厨师专注于炒菜，还雇了两个配菜师，他们负责洗菜、切菜和备料，这两个配菜师又构成了另一个集群。在这个例子中，配菜师和厨师之间的关系就是分布式结构。因此，我们可以理解分布式结构是指将同一业务模块分成多个（两个或以上）子任务，并将它们部署到多台服务器上，也就是将不同的业务模块部署到不同的服务器上。

分布式与集群的区别如下：

（1）集群是指将几台服务器集中在一起，实现同一业务；分布式是指将不同的业务模块部署在不同的服务器上。

（2）集群并不一定就是分布式的，而分布式的每一个节点都可以做成集群。集群具有一定的组织性，一台服务器宕机后，其他服务器仍然可以继续提供服务。而分布式的每个节点负责处理不同的业务，一个节点宕机后，这个业务就不可访问了。

1.1.2 集群的特点

在各类企业网站架构中，几乎都离不开集群的构建，通过集群的特点体会其中的原因。集群的特点如下。

1. 高可用性和容错性

在集群架构中，如果某台服务器因故障宕机，系统会自动将进程迁移到其他可用的节点上继续提供服务。这种冗余机制可以大大提高系统的可用性和可靠性，有效地减少了业务的损失，也极大地满足了互联网企业7×24小时提供服务的要求。

2. 高性能

目前，即使是大型计算机的计算能力也是有限的，例如高分子材料分析、天气预报、飞行器数字模拟等密集型应用，其计算时间可能会很长。即便是众所周知的百度、淘宝、谷歌等大型网站，一天的访问量达到上亿次，也不可能只依靠一台或几台大型机来构建。集群可以很好地处理这些复杂的业务，将上万台服务器构建成高性能集群，在并发或总请求量很高的情况下，集群可以表现出超强的运算处理能力。

3. 可扩展性

例如，银行处理业务的柜台一般都有多个。如果只设置两个柜台，当客户达到上百人时，柜台处理压力增大，无法满足客户的需求。这时需要增加更多的柜台，以提高业务处理效率。类似地，在集群系统中，当服务负载和压力增加时，只需要将新的服务器加入现有集群架构中，就可以实现系统的扩展和升级。对于用户而言，这些变化几乎是无感知的。

4. 成本相对较低

超级计算机的价位因规模和用途而异，一般需要根据定制需求来确定价格。例如，日本的Fugaku，其造价约为4.38亿美元。一般来说，企业和机构可以根据需求向超算公司或供应商进行咨询，获取定制化方案和报价。在获得同样性能的情况下，集群系统具有更高的性价比。

5. 负载均衡

通过负载均衡，可以将工作任务分摊到集群环境下的各个节点，从而有效提高数据的吞吐量。

1.2 集群的分类

按照其功能，集群可分为三种，即负载均衡集群（Load Balancing Clusters，LBC或LB）、高可用集群（High-Availability Clusters，HAC）和高性能计算集群（High-Performance Clusters，HPC）。下面分别对这三种集群进行介绍。

1.2.1 负载均衡集群

负载均衡集群是指在使用一组应用程序为大量客户提供服务时，通过若干前端负载均衡器将客户请求分发到后端应用集群服务器的技术，各个节点的访问请求被动态分配，达到整个系统的高可用和高性能。

在企业中，负载均衡集群被广泛应用，以提高服务的并发处理能力，成为提高系统性能和可用性的关键技术之一。客户访问请求通常包括网络流量负载和应用程序负载。例如，网站初期仅支持100个用户同时在线，网站规模较小，浏览量仅有个位数，这时单台服务器比多个服务集群要快，用户体验感更佳，不会感到网站卡顿。随着网站规模扩大，浏览量增加，当并发请求或总请求数量大于单台服务器的负载能力时，用户体验将直线下降。此时，可以增加多台服务器来运行网站，并在服务器前端设置一个转发器用于分发用户的请求，使每台服务器接收的请求和负载压力尽可能均衡，从而可以更快地处理每个用户的请求，提高用户的体验感。这个用于分发用户请求的转发器称为负载均衡，通过一种简便、低成本的方式提高了网络数据处理的能力。

负载均衡集群的架构如图1.1所示。

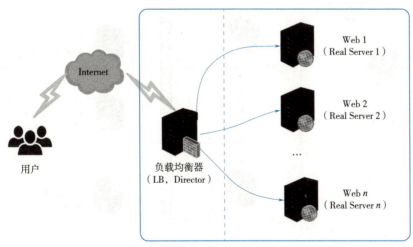

图 1.1 负载均衡集群逻辑图

如图1.1所示，当客户端的请求发送到服务端时，请求会先到达目录服务器，由目录服务器将请求分配到不同的后端服务器上进行处理。目录服务器就是负载均衡服务器，其主要作用是将用户请求分发到不同的后端服务器上，从而实现负载均衡。负载均衡服务器本身并不对请求进行处理。

负载均衡集群的主要作用是分担访问流量以及保持业务的连续性。常见的负载均衡软件包括LVS、Nginx、HAProxy等。

1.2.2 高可用集群

高可用集群是以最大限度减少服务中断时间为目的的集群技术,当任意一个节点失效时,该节点所分配的所有工作任务将会自动分配给其他可用节点,以保证集群正常运行并提供服务,保持业务的连续性。

要保证集群服务的可用性,需要考虑计算机软硬件的容错性。例如,淘宝网等重量级高配置网站,虽然无法保证100%时间不中断,但仍会采取措施尽可能保证服务的可用性,如增加节点数量、采用冗余备份等方式。

互联网中,通常使用"网站在线时间/(在线时间+故障处理时间)"来衡量服务的可用性,具体见表1.1。

表 1.1 服务可用性

可用性	宕机时间
99%	一年有 3 天不在线
99.9%	一年有 0.3 天不在线
99.99%	一年有 0.03 天不在线
99.999%	一年有 0.003 天不在线

高可用集群主要实现自动侦测(Auto-Detect)故障、自动切换/故障转移(FailOver)和自动恢复(FailBack)功能。

高可用集群的架构如图1.2所示。

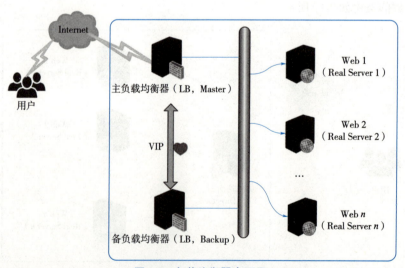

图 1.2 负载均衡器高可用

在图1.2中,网站架构设置了两台目录服务器,其中一台正常工作并对外提供服务,另一台作为备用。当正常工作的目录服务器宕机时,备用服务器会立即接管其工作。

高可用集群的主要目的是确保服务的高度可用性,常用的开源软件包括Keepalived、Heartbeat等。

1.2.3 高性能计算集群

高性能计算集群（又称科学计算集群）是一种用于处理海量数据和解决复杂问题的技术。通常，超级计算机就是一种高性能计算集群，由十个甚至数万个独立处理器组成。这些处理器可以将大型任务分解为多个小任务并行处理，同时具备大容量的数据存储和极快的数据处理速度。高性能计算集群通常由大数据工程师进行维护。

1.3 负载均衡

1.3.1 负载均衡的分类

按软硬件分类，负载均衡软件有Nginx、LVS、Amoeba、HAProxy等，而负载均衡硬件有ROSE、安瑞科技、F5、Citrix等。软件类负载均衡在服务器操作系统上安装软件实现，配置简单、使用灵活；硬件类负载均衡是指安装在服务器和外部网络之间的负载均衡设备，整体性能高。

根据OSI七层模型，负载均衡器可以分为二层、三层、四层和七层，具体见表1.2。

表 1.2 负载均衡的分类

负载均衡	OSI 七层模型位置	技术原理	典型代表
二层负载均衡	数据链路层	通过一个虚拟 MAC 地址接收请求，然后再分配到后端真实的 MAC 地址	F5、LVS DR 模式
三层负载均衡	网络层	通过一个虚拟 IP 地址接收请求，然后再分配到后端真实的 IP 地址	LVS TUNNEL 模式（IP 隧道）
四层负载均衡	传输层	通过虚拟 IP+ 端口接收请求，然后再转发到后端真实的服务器	F5、LVS NAT、HAProxy、Nginx、SLB
七层负载均衡	应用层	通过虚拟的 URL、IP 或主机名接收请求，然后再转发到后端真实的服务器	F5、LVS NAT、HAProxy、Nginx、SLB
DNS	应用层	一个域名有多个 A 解析、智能解析	万网、DNSPod

表1.2中还有DNS，除了OSI七层模型外，使用DNS做负载均衡在实际应用中也很常见。负载均衡器通常被称为四层交换机或七层交换机，其作用是根据四层或七层信息将流量转发到后端服务器集群，从而实现负载均衡。

1. 四层负载均衡

四层负载均衡是基于IP地址和端口号的负载均衡，它通过发布虚拟IP地址和对应的端口号来对流量进行负载均衡和分发处理，将流量转发到后端服务器，并记录该TCP或UDP协议的流量到达的服务器，下次流量仍由该服务器处理。基于四层的负载均衡能够达到每秒数十万的处理量，具有更高的效率。

2. 七层负载均衡

七层负载均衡是根据用户请求的内容等应用层信息为其分配相对应的后端服务器，在这种模式下可以在同一端口下同时运行多个Web服务器。例如，在根据VIP（虚拟IP）和80端口判断应处理流量的同时，还能够根据七层的浏览器类别、语言、URL等应用层信息来决定是否进行负载均衡。例如，如果用户的语言为中文，则转发至中文服务器进行处理。四层负载均衡不理解应用协议（如HTTP、FTP等），而七层负载均衡能够理解应用协议，因此更加智能化和精准化。基于七层的负载均衡需要完成两次TCP连接，第一次是客户端与负载均衡器，第二次是负载均衡器与后端服务器。

七层负载均衡又称"内容交换"，主要面向来自客户端的应用层内容，在负载均衡器设定的调度算法的基础上进行流量分发，即按需分发。七层负载均衡的结构如图1.3所示。

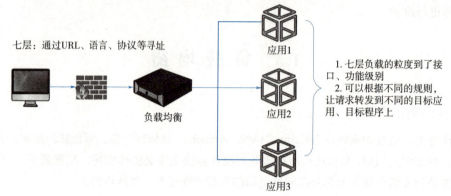

图1.3　七层负载均衡的结构

例如，一个网站可以将图片请求转发到特定的图片服务器，利用缓存技术提高加载速度；将文字请求转发到特定的文字服务器，采用压缩技术以减少传输时间。当用户访问网站图片时，反向代理将请求发送给图片服务器；当用户访问网站文字时，反向代理将请求发送给存储文字内容的服务器。

从技术原理的角度来看，这种方式可以修改客户端的请求和服务器的响应，从而极大地提升应用系统在网络层的灵活性。很多在后台服务器（如Nginx、Apache等）上部署的功能可以前移到负载均衡设备上，例如客户端请求中的Header重写、服务器响应中的关键字过滤或者内容插入等功能。

如果负载均衡设备要根据真正的应用层请求内容选择服务器，则需要先代理最终处理请求的服务器与客户端建立TCP连接（三次握手），才能接收到客户端发送的包含应用层内容的报文，然后根据该报文中的特定字段以及负载均衡的调度算法选择处理请求的服务器。负载均衡设备在这种情况下类似于一个代理服务器，需要与客户端、处理请求的服务器分别建立TCP连接。因此，从技术原理上来看，七层负载均衡明显对负载均衡设备的要求更高，处理七层请求的速度也必然会低于四层。

七层负载均衡有很多优势，具体如下所示。

◎ 更精细的流量分发：七层负载均衡可以根据用户请求的内容等应用层信息为其分配相对应的后端服务器，能够更加精细地分发流量，提升服务质量。

◎ 更高的处理效率：七层负载均衡能够理解应用协议，能够在传输层和应用层同时进行负载均衡，提高处理效率。

◎ 更灵活的配置和管理：七层负载均衡可以完成很多后台服务器上的功能，例如客户请求中的Header重写、服务器响应中的关键字过滤或者内容插入等功能，使得负载均衡设备更加灵活易用。

◎ 更高的安全性：七层负载均衡可以通过识别和阻止恶意请求和攻击，提高网络安全性。

◎ 更多的应用场景：七层负载均衡不仅适用于Web应用，还可以用于其他应用场景，如VoIP、邮件等。

虽然七层负载均衡具有明显的优势，但其劣势也需要考虑。七层负载均衡受限于所支持的协议，例如仅支持HTTP协议，这限制了其应用范围。此外，检查HTTP报头需要大量的系统资源，可能会影响系统的性能。在高并发时，负载均衡设备可能会成为网络整体性能的瓶颈。

1.3.2 四层和七层负载均衡的区别

1. 技术原理的区别

四层负载均衡主要通过客户端请求报文中的目标IP地址和端口，再根据负载均衡器选择的转发方式，决定最终处理请求的后端服务器，如图1.4所示。

图 1.4 四层负载技术

七层负载均衡主要通过报文中的应用层信息，再根据负载均衡器选择的转发方式，决定最终处理请求的后端服务器，如图1.5所示。

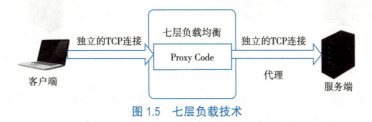

图 1.5 七层负载技术

2. 应用场景的需求

四层负载均衡适用于TCP应用，如基于C/S开发的ERP等系统。由于四层处理效率高，更适合高吞吐量和高并发量的集群，因此可以作为多种软件的负载均衡器。

七层负载均衡使整个网络更加智能化，功能更多，控制更灵活。根据用户访问的内容，负载均衡器可以将请求转发到相应的服务器，例如将访问图片的请求转发到图片服务器，极大地提高了应用系统在网络层的灵活性。

3. 安全性

网络中常见的黑客攻击是SYN Flood攻击，即黑客通过虚假IP向目标发送大量伪造的SYN请求，占用服务器资源，导致服务器无法正常工作。四层负载均衡不能拦截SYN Flood攻击，而七层负载均衡可以通过设定安全策略来拦截此类攻击并过滤不安全的报文，从而提高系统的安全性。此外，七层负载均衡还可以根据不同的应用场景，对数据进行更精细的处理，提高应用系统的性能和可靠性，因此在安全性和性能方面，七层负载均衡优于四层负载均衡。

1.3.3 负载均衡的主要方式

实现负载均衡的方式包括HTTP重定向、DNS负载均衡、反向代理负载均衡、IP负载均衡、数据链路层负载均衡、F5硬件负载均衡等。

1. HTTP 重定向

HTTP重定向会基于客户端应用层的报文计算出一个真实的Web服务器IP地址,并将该IP地址写入HTTP重定向响应中,返回给客户端。客户端收到重定向响应后,会重新发起请求,访问该真实的Web服务器。其工作原理如图1.6所示。

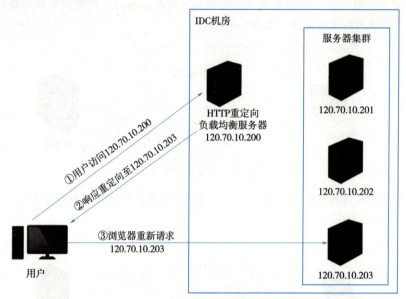

图 1.6　HTTP 重定向方式

在图1.6中,当用户访问域名(如www.qfsite.com)时,DNS域名解析会返回120.70.10.200作为HTTP重定向服务器的IP地址。接着,HTTP重定向服务器会通过负载均衡算法,向客户端返回实际服务器集群中的一个地址,如120.70.10.203,客户端再向该地址发送请求,完成访问。

虽然HTTP重定向方式实现的负载均衡方式较为简单,但客户端需要发送多次请求才能完成一次成功的访问,因此性能较差。此外,HTTP重定向服务器的处理能力可能会成为瓶颈。此外,使用HTTP 302响应重定向后,可能会被搜索引擎判断为SEO作弊,从而降低搜索排名。

2. DNS 方式

DNS负责将域名解析成IP地址,因此DNS服务器也被用作负载均衡的一种手段。许多域名运营商提供智能DNS和多线路解析等功能,就是通过DNS负载均衡技术实现的。开源软件Bind可以提供电信、联通等多线路解析功能,具有很强的扩展性和灵活性。

在终端中解析百度的域名,执行结果如下所示。

```
[root@qfedu ~]# dig baidu.com

; <<>> DiG 9.11.4-P2-RedHat-9.11.4-26.P2.el7_9.7 <<>> baidu.com
;; global options: +cmd
;; Got answer:
;; ->>HEADER<<- opcode: QUERY, status: NOERROR, id: 62441
;; flags: qr rd ra; QUERY: 1, ANSWER: 2, AUTHORITY: 0, ADDITIONAL: 1
```

```
;; OPT PSEUDOSECTION:
; EDNS: version: 0, flags:; MBZ: 0x0005, udp: 4096
;; QUESTION SECTION:
;baidu.com.                    IN      A

;; ANSWER SECTION:
baidu.com.              5       IN      A       220.181.38.251
baidu.com.              5       IN      A       220.181.38.148

;; Query time: 3 msec
;; SERVER: 192.168.77.2#53(192.168.77.2)
;; WHEN: 五 11月 26 00:28:47 EST 2021
;; MSG SIZE  rcvd: 70
```

在上述示例中，可以看出百度的域名解析实际上采用了一种一对多的负载均衡方式。例如，当一个客户端请求百度的域名www.baidu.com时，DNS服务器会使用负载均衡算法从一组Web服务器IP地址中选择一个合适的后端服务器来响应请求。为了支持这种方式，DNS服务器需要在其配置中为多个域名记录对应的IP地址，其工作原理如图1.7所示。

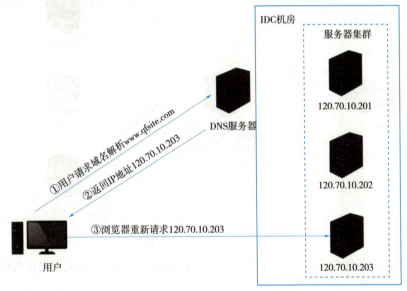

图1.7 DNS方式

图1.7中，DNS服务器写入了多条A记录，例如：www.qfsite.com IN A 120.70.10.201、www.qfsite.com IN A 120.70.10.202、www.qfsite.com IN A 120.70.10.203，表示该域名对应多个Web服务器的IP地址。当用户请求域名解析时，DNS服务器根据A记录采用负载均衡算法，将一个域名请求分配到合适的后端服务器上，并返回真实物理服务器的IP地址给用户浏览器，浏览器再请求该IP地址以完成访问。DNS域名解析常作为第一级负载均衡器。

DNS负载均衡的控制权在于域名服务商，网站管理者可能无法做出过多的改善和管理，也不能够按照服务器的处理能力来分配负载。DNS负载均衡采用的是简单的轮询算法，不能区分服务器之间的差异,也不能反映服务器当前运行状态,因此实现负载均衡的效果并不十分理想。

DNS可以基于域名进行负载均衡,不需要客户端额外的配置。DNS服务器可以根据配置的A记录和负载均衡算法将请求分发到不同的后端服务器上,实现简单且成本较低。同时,DNS服务器可以根据后端服务器的状态和性能动态更新A记录,保证负载均衡的效果。此外,DNS解析可以进行本地缓存,减少请求的传输时间和延迟,提高用户体验。

3. 反向代理方式

反向代理通常部署在Web服务器前端,充当负载均衡器的角色,管理着一组Web服务器。当用户请求访问Web服务器时,反向代理根据负载均衡算法将请求转发给不同的Web服务器,然后将Web服务器处理的结果返回给用户。反向代理的负载均衡能力相对于DNS方式更为灵活,可以基于多种算法实现更精细的负载均衡策略,同时也支持监控Web服务器的运行状态,并根据实时状态调整负载均衡策略。

例如,当客户端请求反向代理服务器的地址时,反向代理服务器会根据负载均衡算法将请求转发给一组后端服务器中的某一个,后端服务器处理完成后再将结果返回给客户端,如图1.8所示。

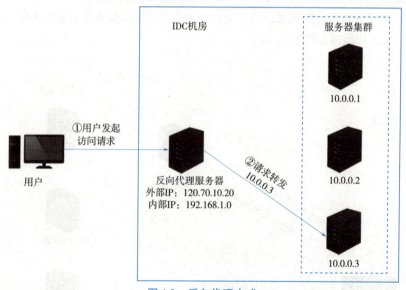

图1.8 反向代理方式

由于反向代理服务器转发请求是在HTTP协议层面上进行的,因此又称应用层负载均衡。

4. IP负载方式

IP负载均衡是在网络层和传输层(IP和端口)通过修改目标地址进行负载均衡,具体工作原理如图1.9所示。

客户端请求先到达负载均衡器,负载均衡器会根据特定算法选择一台后端服务器,将请求转发给该服务器进行处理,处理完后,服务器将结果返回给负载均衡器,再由负载均衡器将结果返回给客户端。相比反向代理方式,直接将请求转发给后端服务器,响应速度更快,处理性能更好。但是,负载均衡器的网卡带宽会成为整个集群的瓶颈,难以满足需要大量数据传输的网站,例如提供下载服务或视频服务的网站。

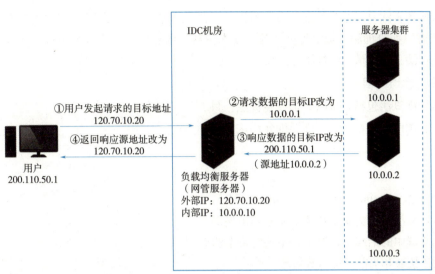

图 1.9　IP 负载方式工作原理

5. 链路层负载方式

网络中的每台设备都有唯一的网络标识，这个地址称为MAC地址或网卡地址。数据链路层负载均衡通过修改数据帧的目标MAC地址来实现负载均衡，其工作原理如图1.10所示。

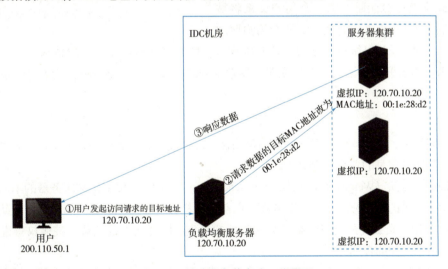

图 1.10　链路层负载方式工作原理

负载均衡服务器与其管理的Web服务器集群共享同一个虚拟IP地址，称为VIP。在数据分发过程中，负载均衡服务器不会修改访问地址的IP地址，而是在数据链路层修改数据包的MAC地址。这样可以确保不改变数据包的源和目的IP地址，从而实现正常的访问。

1.3.4　负载均衡的算法

挂号机是医院为就诊患者进行排号的设备，通过内部的处理机制对业务窗口进行排序及分配，这种用系统的方法描述解决问题的策略机制称为算法。

负载均衡也需要使用算法来指定调度策略，不同的网站采用各自适宜负载均衡模式，同时运行不同的算法。负载均衡算法可以分为静态和动态两类。静态负载均衡算法以固定的顺序分配任务，不考虑服务器的实时状态，如轮询法、加权轮询法等；动态负载均衡算法以服务器的实时负载状态信息分配任务，如最小连接法、加权最小连接法等。

1. 静态负载均衡算法

静态负载均衡算法包括轮询法、加权轮询法、目标地址哈希法、源地址哈希法。下面详细介绍这几种算法的优缺点。

（1）轮询法

轮询调度算法（Round Robin Scheduling，RR），调度器采用这种算法时，会将用户请求无差别地按顺序轮流分配到集群中的后端服务器上，不关心每个服务器上实际的连接数和当前系统负载信息。

例如，若后端有4台服务器，前端负载均衡器收到9个用户请求，分别用1、2、3、4、5、6、7、8、9表示。若负载均衡器采用轮询法进行任务的分配，这9个请求的分配结果如图1.11所示。

当采用轮询调度算法时，第一个用户请求将被分配给后端服务器1号机进行处理，第二个用户请求将被分配给后端服务器2号机进行处理，依此类推。当所有服务器都完成一次请求后，下一次请求会重新从第一台服务器开始。因此，在后端服务器数量固定的情况下，每台机器所处理的请求序号也是固定的。

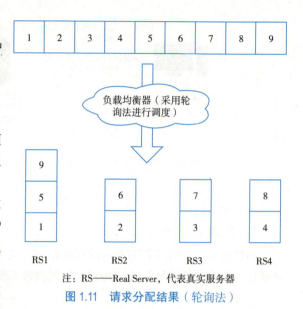

注：RS——Real Server，代表真实服务器

图1.11 请求分配结果（轮询法）

（2）加权轮询法

在计算机系统中，负载均衡技术是实现高可用性、高性能和高扩展性的重要手段。其中，加权轮询调度算法是一种比较常见的负载均衡算法。

加权轮询调度算法（Weighted Round Robin Scheduling，WRR），根据后端服务器的不同处理能力进行分配，实现了请求的合理分配。对于配置高、负载低的机器，给其配置更高的权重，让其处理更多的请求；对于配置低、负载高的机器，给其分配较低的权重，降低其系统负载。按照权重进行任务的调度，可以保证请求分配的合理性。

在采用加权轮询法进行任务的分配时，负载均衡器会在内部生成一个服务器序列，根据权重来调整服务器在该序列中的位置。当收到请求时，就依次从该序列中取出一个服务器用于处理用户请求。比如现在有三台后端服务器A、B、C，它们的处理能力分别为2、1、3，加权轮询算法会生成序列{A,A,B,C,C,C}。这样，每收到6个客户端的请求，服务器会把其中的1个请求转发给后端的B，把其中的2个请求转发给后端的A，把其中的3个请求转发给后端C。当收到第7个请求时，负载均衡器会重新从该序列的头部开始轮询，以保证后续请求的合理处理。

加权轮询调度算法的实现过程，包括生成服务器序列和按序列分配请求两个步骤。生成服务器序列时，需要将后端服务器的处理能力用数字化的权重值进行衡量，并按照权重之和生成一个包含N个服务器的序列，以保证服务器的分配尽可能均匀。例如，若有三台服务器A、B、C，它们的权重分别为2、1、

3，那么生成的服务器序列为{C，A，B，C，A，C}，序列中C服务器占据了1/2的位置，即在2个请求中有1个请求被分配给了C服务器。按序列分配请求时，从序列的头部开始轮询，每收到一个请求就依次分配给序列中的服务器，直到所有服务器都被分配完毕，再从头部重新开始轮询。这样，加权轮询算法可以根据服务器的权重分配请求，实现负载均衡的目的。

（3）目标地址哈希法

目标地址哈希法（Destination Hashing Scheduling，DH）是一种静态映射算法，通过一个散列（Hash）函数将目标IP地址映射到一个后端服务器。具体而言，负载均衡器将用户请求的目标IP地址作为散列键（Hash Key），经过散列函数的计算，得到唯一的Hash值。然后，将该Hash值与静态分配的散列表中的Hash值进行匹配，找到对应的服务器。如果该服务器是可用的且未超载，就将请求发送到该服务器，否则返回空。目标地址哈希法可以保证同一个目标IP地址的请求总是被发送到同一个服务器上，从而确保了请求的一致性和可预测性。

（4）源地址哈希法

源地址哈希法（Source Hashing Scheduling，SH）也是一种静态映射算法，通过一个散列（Hash）函数将一个源IP地址映射到一台服务器。服务器首先将用户请求的源IP地址（即客户端地址）作为散列键（Hash Key），再从静态分配的散列表中找出对应的服务器，如果该服务器是可用的且未超载，就将请求发送到该服务器，否则返回空。采用源地址哈希法进行负载均衡，相同源地址的请求都会被分配到同一台服务器进行处理，这样就可以实现会话的黏性，确保用户的请求在整个会话期间都由同一台服务器进行处理，从而提高了系统的稳定性和可靠性。

假设有A、B、C、D四台后端服务器，随机抽取之前处理过的9个请求，以序号1~9表示，查看实际对这9个请求进行处理的服务器，结果如下所示。

◎ 服务器A：1、7。
◎ 服务器B：2、3、4、5。
◎ 服务器C：9。
◎ 服务器D：6、8。

若该服务器采用的是源地址哈希法进行负载均衡，那么再次收到这9个请求源客户端的请求时，实际处理请求的服务器如图1.12所示。

通过图1.12可知，采用源地址哈希法进行负载均衡，源地址一样的请求都会被分配到同一台服务器进行处理。但如果某个服务器出现故障，会导致这个服务器上的客户端无法使用，无法保证高可用。当某一用户成为热点用户，将会有巨大的流量涌向这个服务器，导致负载分布不均衡，无法有效利用集群的性能。

4种算法的优缺点对比说明，见表1.3。

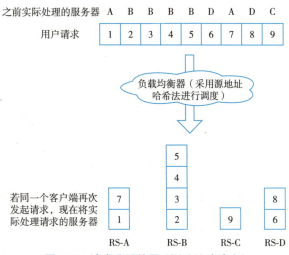

图1.12　请求分配结果（源地址哈希法）

表 1.3　静态负载均衡算法优缺点对比表

算法	优点	缺点
轮询法	简单高效，易于水平扩展，每个服务器任务分配均衡	无法保证任务分配的合理性，无法根据服务器承受能力分配任务
加权轮询法	可以将不同机器的性能问题纳入考量范围，集群性能最优最大化	服务器抗压能力无法精确估算，静态算法导致无法实时动态调整节点权重，只能粗糙优化
目标地址哈希法	根据用户访问 URL 的哈希结果，使每个 URL 定向到同一台后端服务器上	假如某一个目标服务器不可以，或者负载过高，那么会影响发往该目标服务器的请求无法得到响应
源地址哈希法	源地址一样的请求都会被分配到同一台服务器进行处理，可以解决 session 会话共享的问题，实现会话粘滞	由于用户的活跃度不同，可能会有大量的活跃用户被哈希到相同的服务器上，造成该服务器特别繁忙，大量的非活跃用户被哈希到相同的服务器上，造成该服务器几乎没有请求，造成请求不均衡。一旦某个服务器故障，那么哈希到该服务器的所有源请求都会失败，直到服务器恢复或者服务器列表中删除该服务器

2. 动态负载均衡算法

动态负载均衡算法包括最小连接法、加权最小连接法、基于局部性的最小连接法、带复制的基于局部性的最小连接法。

（1）最小连接法

最小连接法（Least Connection Scheduling，LC），当调度器采用这种算法时，会根据每个后端服务器当前的连接情况，动态选取当前连接数最小的服务器来处理当前请求。最小连接法通过后端服务器当前活跃的连接数来判断后端服务器的情况，每当后端服务器有新的连接或断开连接时都需要进行计数，调度器根据各个后端服务器的连接数合理进行任务的分配。在实际应用中，同一集群的后端服务器具有相近的系统性能，对外提供的服务也一致。

假设后端服务器组中有 A、B、C、D 四台服务器，它们当前的连接数分别是 2、4、1、2，负载均衡采用的算法是最小连接法，如图 1.13 所示。

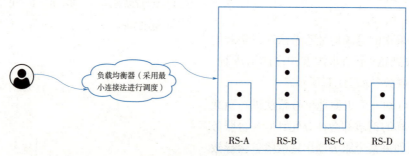

图 1.13　接收到新的请求

若此时有一个新的用户请求，按照最小连接法的原则，该请求会被分配至 RS-C 进行处理。

（2）加权最小连接法

加权最小连接法（Weighted Least Connection Scheduling，WLC）是一种增强版的 LC 算法，它增加了权重的计算，通过除以权重来计算每台服务器的连接数，从而实现更精细的负载均衡。在实际应用中，不同的后端服务器具有不同的性能、带宽和处理能力，通过设置不同的权重可以在保证每台服务器处理的连接数尽量平均的同时，充分利用每台服务器的资源。采用WLC算法时，调度器可以自动获取后端服务器的负载情况，并动态调整其权值，从而实现更加智能的负载均衡。

（3）基于局部性的最小连接法

基于局部性的最小连接法（Locality-Based Least Connections Scheduling，LBLC）是一种针对目标IP地址的负载均衡算法。在LBLC算法中，调度器会根据请求的目标IP地址找出最近为该目标IP地址服务的后端服务器。如果该服务器是可用的且没有超载，就将请求发送给该服务器。如果该服务器不可用或已超载，则调度器将使用"最小连接"原则选出一个可用的后端服务器并将请求发送到该服务器。这种算法主要应用于Cache集群系统，可以提高Cache的命中率和访问速度。

（4）带复制的基于局部性的最小连接法

带复制的基于局部性的最小连接法（Locality-Based Least Connections with Replication Scheduling，LBLCR）也是一种针对目标IP地址的负载均衡算法。它与LBLC算法的不同之处在于，LBLCR维护的是从一个目标IP地址到一组服务器的映射，而LBLC算法维护的是从一个目标IP地址到一台服务器的映射。该算法根据请求的目标IP地址找出为该目标IP地址服务的后端服务器组，按照"最小连接"原则从后端服务器组中选出一台后端服务器。如果该后端服务器没有超载，将请求发送到该后端服务器。如果该服务器超载或故障，则按照"最小连接"原则从整个集群系统中选出一台服务器加入后端服务器组中，并将请求转发到该服务器。同时，当真正处理请求的服务器组有一段时间没有被修改时，调度器会将最繁忙的服务器从该服务器组中删除，以降低服务器组的负载。这种算法同样主要用于Cache集群系统。

负载均衡算法分为静态调度算法和动态调度算法。静态调度算法只按照固定的算法标准计算，如果指定的服务器不在线或已满载，客户端的请求将不会被转发。而动态调度算法则设置了一系列的约束来动态地分配客户端的请求。除非所有后端服务器都不在线或已满载，否则客户端的请求都将会得到转发。这几种算法中，最常用的是轮询法、加权轮询法、最小连接法以及加权最小连接法。其中加权最小连接法是LVS的默认算法。在实际使用时，读者可以根据需要选择合适的算法进行负载均衡。

1.4 服务器健康检查

服务器的健康检查是指负载均衡通过健康检查判断后端服务器是否可用。如果后端服务器异常，负载均衡将自动把访问请求转发到其他健康的服务器上；当异常服务器恢复正常时，负载均衡会自动将该服务器加入集群，继续服务。

服务器健康检测技术主要讲解以下三种。

1. HTTP/HTTPS 监听健康检查机制

在七层负载均衡模式下，负载均衡器向后端转发HTTP请求，健康检查通过HTTP HEAD请求获取状态信息，后端服务器收到请求后，根据业务的运行状况，返回HTTP状态码，如图1.14所示。HTTP/HTTPS监听健康检查机制适用于HTTP/HTTPS服务，需要注意的是，由于浏览器的限制，该机制无法判断后端应用程序的状态，只能判断Web服务器的状态。因此，在实际应用中，应该充分考虑业务的特点选择不同的健康检查机制。

图 1.14 HTTP 健康检测方式

2. ICMP 监听健康检查机制

ICMP监听健康检查机制是通过发送ICMP Echo Request消息来检测后端服务器的健康状态。如果后端服务器响应正常,则认为该服务器正常工作,否则认为该服务器异常,将停止向该服务器发送请求。ICMP监听健康检查机制适用于各种网络服务,但它的精度相对较低,存在误判的风险,具体如图1.15所示。

图 1.15 ICMP 健康检测方式

3. TCP 监听健康检查机制

在四层负载均衡模式下,负载均衡器通过TCP连接向后端服务器发送心跳包,如果后端服务器响应正常,则认为该服务器正常工作,否则认为该服务器异常,将停止向该服务器发送请求。TCP监听健康检查机制适用于各种TCP服务,如图1.16所示。

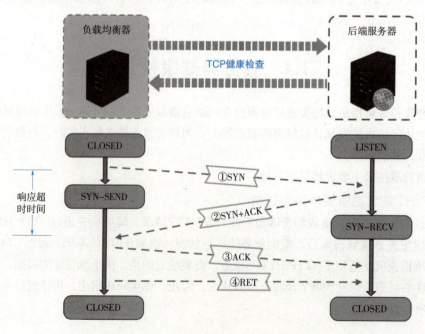

图 1.16　TCP 健康检测方式

除了上述三种服务器健康检测方式，还可以发送 UDP、FTP、DNS、SSL 等协议包通过接收结果来检查服务器是否存活。服务器的健康检测在集群系统的运行中起着至关重要的作用，有利于维护系统的高可用状态。

小　　结

本章重点介绍了集群的核心概念和特点、3 类集群及相关软硬件，详细介绍了负载均衡相关内容，包括负载均衡的分类、四层和七层负载均衡的区别、负载均衡的主要方式以及负载均衡的算法，还讲解了服务器的健康检测。希望读者仔细阅读本章内容，结合结构图掌握集群的相关概念，为后续的学习打好基础。

习　　题

一、填空题

1. 集群（Cluster）是指部署_____的一组（多台）服务器，作为_____向用户提供网络资源。
2. 负载均衡（Load Balance，LB）是指将负载（工作任务）分摊给到_____上进行执行。
3. 集群的特点包括_____、_____、_____、_____、_____。
4. 客户访问请求一般包括_____和_____。
5. 高可用集群主要实现_____、_____和_____。

二、选择题

1. 下列选项中，负载均衡的开源软件不包括（　　）。
   A. LVS　　　　　　　　　　　　B. Nginx
   C. F5　　　　　　　　　　　　　D. HAProxy
2. 下列选项中，不是构建集群主要目的的是（　　）。
   A. 提高计算和存储能力　　　　　B. 提高计算和存储效率
   C. 提高系统的可靠性和可用性　　D. 提高系统的安全性和防御能力
3. 下列选项中，高可用集群主要是为了保证服务的高度可用性，常用的开源软件包括（　　）。
   A. Keepalived　　　　　　　　　B. Zabbix
   C. Heartbeat　　　　　　　　　 D. A、C 正确
4. 下列选项中，理论上四层负载均衡比七层负载均衡的并发能力更（　　）。
   A. 强　　　　　　　　　　　　　B. 弱
   C. 相同　　　　　　　　　　　　D. 不确定
5. 下列选项中，可以进行服务器健康检测的协议是（　　）。

A. HTTP B. SSL
C. DNS D. 以上都是

三、简答题

1. 简述分布式与集群的联系与区别。
2. 简述二层、三层、四层、七层和 DNS 五种负载均衡的技术原理。

四、简述题

简述负载均衡的五种方式（HTTP 重定向、DNS 负载均衡、反向代理负载均衡、IP 负载均衡、数据链路层负载均衡）。

第 2 章

Web 服务集群

学习目标

◎ 了解 Web 服务集群的概念。
◎ 熟练搭建 LAMP Web 平台。
◎ 熟练搭建 LNMP Web 平台。
◎ 熟悉 Nginx 负载均衡工作原理。
◎ 熟练搭建 Web 服务集群。

博客、论坛等网站的用户群体较大，对 Web 服务器的并发请求处理能力提出了较高的要求。但是，单台服务器难以承载大量并发请求。为了应对这一问题，可以配置多台 Web 服务器组成集群，以扩展架构的稳定性和可扩展性，增加并发请求的处理能力以及提高用户的访问速度。

2.1 Web 服务集群简介

Web 服务集群是指将两台及以上的 Web 服务器配置为一个系统，作为一个整体为用户提供 Web 服务。在 Web 集群环境中，前端使用负载均衡，将用户请求的流量按照算法分散地移交到后端 Web 服务器集群中，实现请求的分发，将会大大提升系统的吞吐量与请求性能。

Web 服务器又称网站服务器，能够处理浏览器等客户端的请求然后返回相应结果，Web 服务器可提供浏览类网站文件，也可提供下载类数据文件。常见的 Web 服务器协议有 HTTP、HTML 文档格式、URL（Uniform Resource Locator，统一资源定位符）等，其中 URL 就是用户在浏览器中输入的网站地址。部分 Web 服务器的市场份额见表 2.1。

表 2.1 近四年部分 Web 服务器的市场份额

Web 服务器	2019 年	2020 年	2021 年	2022 年
Apache	34.1%	36.1%	30.6%	20.93%
Nginx	28.9%	23.2%	28.1%	26.25%
Microsoft IIS	7.7%	9.2%	9.3%	3%
Google Web Server (GWS)	4.9%	4.9%	4.8%	5%
LiteSpeed	4.2%	4.6%	4.1%	5%
Cloudflare	3%	3%	5%	9.14%

由表2.1可知，当前主流的Web服务器有Apache、Nginx、IIS，在云端Web类应用中，使用率可达95%以上。Apache是全球使用最广泛的Web服务器，是Web服务器的"领头羊"，同时，Nginx性能稳定，有代替Apache的趋势。这两者在Linux系统下都可以被灵活地配置和调用，而IIS主要用于Windows的Web类应用。

Web集群基础架构如图2.1所示。

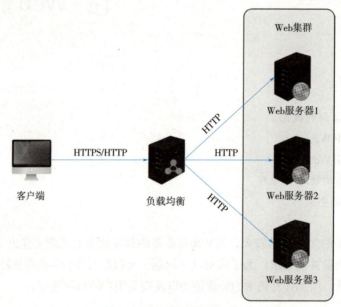

图 2.1　Web 集群基础架构

在图2.1所示架构中，假设用户A通过负载均衡登录网站，第一次登录的会话信息保存在Web服务器1中，保存的内容称为Session，可以保证用户的在线状态。当网站刷新，负载均衡把请求又分给了Web2，因为Web2没有用户A的登录信息，网站就会提示用户A重新登录，依此类推，用户A无法实现会话保持。实现Session共享就可以解决以上问题，例如Nginx负载均衡的ip_hash算法、LVS的持久连接机制、HAProxy负载均衡的source算法以及基于cookie的会话保持处理机制。

2.2　搭建 LAMP 平台

2.2.1　LAMP 简介

LAMP指的是一种常用的Web应用程序开发和运行环境，其中L代表Linux操作系统，A代表Apache Web服务器，M代表MySQL数据库管理系统，而P代表PHP/Perl/Python等多种脚本语言。LAMP是一种免费的、开放源代码的解决方案，可以在Linux操作系统上运行，被广泛地用于Web开发和服务器应用的搭建。其中，Apache作为最受欢迎的开源Web服务器之一，可实现多种功能，包括静态资源、动态页面、虚拟主机等；MySQL则是一种常用的关系型数据库管理系统，能够提供高效的数据存储和管理；而PHP等脚本语言则可为Web应用程序提供动态性和交互性，实现更丰富的功能和用户体验。

LAMP的工作原理如图2.2所示。

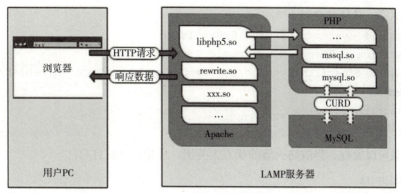

图 2.2 LAMP 工作原理图

浏览器向服务器发送HTTP请求，服务器（Apache）接受请求。作为Apache的一个模块组件，PHP也会一起启动，并与Apache具有相同的生命周期。Apache会将一些静态资源保存，然后调用PHP处理模块来处理PHP脚本。脚本处理完成后，Apache通过HTTP响应的方式将处理结果的信息发送给浏览器，经一系列的解析、渲染等操作后，浏览器呈现整个网页。

2.2.2 实验的准备环境

本书中的所有实验均在虚拟机环境下进行，使用的操作系统为CentOS 7.6。CentOS 7自带Firewalld和SELinux守护工具，一个用于外部防护，一个用于内部安全，以确保系统的安全性。虽然可以通过配置相关策略来开放系统及服务的访问权限，但这种做法烦琐而复杂。为了避免由于防火墙导致的连接失败，本书直接关闭Firewalld和SELinux。后续章节的实验也默认关闭Firewalld和SELinux。

1. 查看系统版本号

```
[root@qfedu ~]# cat /etc/redhat-release
CentOS Linux release 7.6.1810 (Core)
```

2. 关闭 CentOS 7 默认防火墙 Firewalld

查看虚拟机当前防火墙的状态，具体命令如下所示。

```
[root@qfedu ~]# systemctl status firewalld
firewalld.service - firewalld - dynamic firewall daemon
   Loaded: loaded (/usr/lib/systemd/system/firewalld.service; enabled; vendor preset: enabled)
   Active: active (running) since-2019-11-25 18:05:27 CST; 7h left
……此处省略部分代码……
```

通过上述代码的反馈信息，可以观察到防火墙目前处于开启状态。输出结果的第二行括号中的第二个字段表示服务的自启动状态。若为"enabled"，则说明该服务会在开机时自启动；若为"disabled"，则不会自启。第三行的active参数表示活动状态。若其冒号后面为"active (running)"，则表示防火墙处于启动状态；若为"inactive (dead)"，则说明防火墙已关闭。

关闭防火墙，并禁止其开机自启，具体命令如下所示。

```
[root@qfedu ~]# systemctl stop firewalld
[root@qfedu ~]# systemctl disable firewalld
```

查看防火墙状态，具体命令如下所示。

```
[root@qfedu ~]# systemctl status firewalld
firewalld.service - firewalld - dynamic firewall daemon
   Loaded: loaded (/usr/lib/systemd/system/firewalld.service; disabled; vendor preset: enabled)
   Active: inactive (dead)
……此处省略部分代码……
```

观察上述结果可以发现，当前防火墙的状态为关闭，且禁止开机自启。

3. 关闭 SELinux

查看当前SELinux的状态，具体命令如下所示。

```
[root@qfedu ~]# getenforce
Enforcing
```

系统返回的信息为Enforcing。Enforcing状态是最安全的状态，系统中的SELinux策略会强制执行，并阻止不符合策略的操作。如果有应用程序尝试执行不允许的操作，SELinux会记录下来并拒绝该操作，以保护系统的安全。

输入setenforce 0命令可以临时关闭SELinux，具体命令如下所示。

```
[root@qfedu ~]# setenforce 0
#再次查看SELinux的状态
[root@qfedu ~]# getenforce
Permissive
```

观察上述结果可以发现，SELinux临时关闭后，SELinux的状态为Permissive。Permissive状态是测试或者调试SELinux策略时使用的状态。在这种状态下，SELinux不会拒绝任何操作，而是仅仅记录下来并报告哪些操作不符合策略，以帮助管理员识别策略配置中可能存在的问题。

下一步，禁止SELinux开机自启。使用vim命令编辑SELinux的配置文件/etc/selinux/config，将SELINUX=enforcing修改为SELINUX=disabled，具体命令如下所示。

```
[root@qfedu ~]# vi /etc/selinux/config
# This file controls the state of SELinux on the system.
# SELINUX= can take one of these three values:
#     enforcing - SELinux security policy is enforced.
#     permissive - SELinux prints warnings instead of enforcing.
#     disabled - No SELinux policy is loaded.
# SELINUX=enforcing        # 修改前
SELINUX=disabled           # 修改后
# SELINUXTYPE= can take one of three values:
#     targeted - Targeted processes are protected,
#     minimum - Modification of targeted policy. Only selected processes are protected.
#     mls - Multi Level Security protection.
SELINUXTYPE=targeted
"/etc/selinux/config" 14L, 543C
```

重启虚拟机，再次查看SELinux状态，具体命令如下所示。

```
[root@qfedu ~]# reboot
[root@qfedu ~]# getenforce
Disabled
```

观察上述结果可以发现，此时SELinux的状态为Disabled。Disabled状态是关闭SELinux机制，不会应用SELinux策略。在这种状态下，应用程序可以自由地执行任何操作，但系统的安全性会受到影响，容易受到攻击。因此，建议只在必要时禁用SELinux，并尽可能使用enforcing状态来提高系统的安全性。

至此，准备工作已全部完成，本书后续实验将不再详细介绍该环节。

2.2.3　LAMP的部署及测试

在单机环境下部署LAMP环境，需要关闭防火墙及SELinux，之后利用Yum工具依次安装Apache、PHP和MySQL，并进行测试。

准备1台虚拟机搭建LAMP平台，见表2.2。

表 2.2　LAMP 环境准备

HostName	IP	说明
web1	192.168.77.139	搭建 LAMP 框架

1. Apache 的安装与测试

①安装Apache，具体命令如下所示。

```
[root@web1 ~]# yum -y install httpd
……此处省略部分代码……
已安装:
httpd.x86_64 0:2.4.6-97.el7.CentOS.2
作为依赖被安装:
apr.x86_64 0:1.4.8-7.el7
apr-util.x86_64 0:1.5.2-6.el7
httpd-tools.x86_64 0:2.4.6-97.el7.CentOS.2
mailcap.noarch 0:2.1.41-2.el7
完毕!
```

②查看Apache版本，具体命令如下所示。

```
[root@web1 ~]# httpd -v
Server version: Apache/2.4.6 (CentOS)
Server built:   Nov 10 2021 14:41:18
```

由上述结果可知，本次实验的Apache版本为2.4.6。

③启动Apache服务并设置开机自启，具体命令如下所示。

```
[root@web1 ~]# systemctl start httpd
[root@web1 ~]# systemctl enable httpd
```

④验证Apache服务是否安装成功，在本机浏览器中输入虚拟机的IP地址，如果看到Apache默认的测试页面，说明Apache服务成功运行。直接在浏览器上访问当前主机的IP地址，正确的访问结果如图2.3所示。

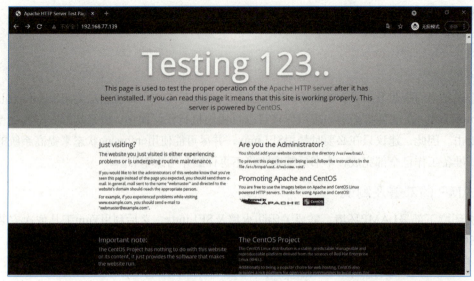

图 2.3　Apache 服务测试页

由图2.3可知，Apache服务已成功运行。
⑤测试Apache是否能解析动静态页面。
切换到Apache的根目录，默认是/var/www/html，再创建HTML静态页面，具体命令如下所示。

```
[root@web1 ~]# cd /var/www/html/
[root@web1 html]# vim index.html
Welcome to the world !
```

在浏览器中输入IP地址，访问结果如图2.4所示。

图 2.4　静态网站测试页

由图2.4可知，静态页面被成功解析，访问正常。
在网站根目录编写一个PHP文件，具体命令如下所示。

```
[root@web1 html]# vim index.php
<?php
  phpinfo();
?>
```

在浏览器中访问http://192.168.77.139/index.php，结果如图2.5所示。

图 2.5　动态网站测试页

由图2.5可知，服务器仅仅将index.php作为正常的文本输出，而没有对PHP语言进行解析和执行，这是因为Apache本身并不能解析PHP语言。为了达到预期的效果，服务器需要借助PHP解释器将PHP脚本转换为可以执行的指令，然后根据指令进行相应的操作。

2. PHP 的安装与测试

①安装PHP，具体命令如下所示。

```
[root@web1 html]# yum -y install php
……此处省略部分代码……
已安装:
php.x86_64 0:5.4.16-48.el7
作为依赖被安装:
libzip.x86_64 0:0.10.1-8.el7
php-cli.x86_64 0:5.4.16-48.el7
php-common.x86_64 0:5.4.16-48.el7
完毕！
```

②重启Apache服务，具体命令如下所示。

```
[root@web1 html]# systemctl restart httpd
```

③再次访问index.php，结果如图2.6所示。

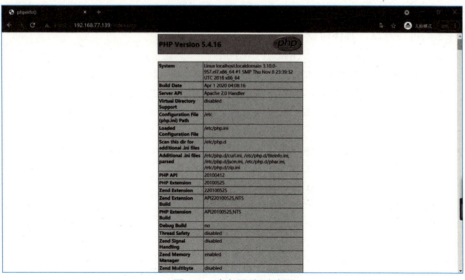

图 2.6　动态网站测试页

由图2.6可知，安装PHP之后，Apache可以实现对动态页面的正常解析。

3. 数据库的安装与测试

①安装MariaDB客户端与服务端，具体命令如下所示。

```
[root@web1 ~]# yum -y install mariadb mariadb-server
……此处省略部分代码……
已安装:
mariadb.x86_64 1:5.5.64-1.el7
```

```
mariadb-server.x86_64 1:5.5.64-1.el7
作为依赖被安装:
perl-Compress-Raw-Bzip2.x86_64 0:2.061-3.el7
perl-Compress-Raw-Zlib.x86_64 1:2.061-4.el7
perl-DBD-MySQL.x86_64 0:4.023-6.el7
perl-DBI.x86_64 0:1.627-4.el7
perl-Data-Dumper.x86_64 0:2.145-3.el7
perl-IO-Compress.noarch 0:2.061-2.el7
perl-Net-Daemon.noarch 0:0.48-5.el7
perl-PlRPC.noarch 0:0.2020-14.el7
作为依赖被升级:
mariadb-libs.x86_64 1:5.5.68-1.el7
完毕!
```

启动MariaDB服务,并设置开机自启,具体命令如下所示。

```
[root@web1 ~]# systemctl start mariadb
[root@web1 ~]# systemctl enable mariadb
```

②更改数据库密码。

进入数据库安全设置模式。

```
[root@web1 ~]# mysql_secure_installation
```

对数据库密码进行修改,具体命令如下所示。

```
[root@web1 ~]# mysql_secure_installation
NOTE: RUNNING ALL PARTS OF THIS SCRIPT IS RECOMMENDED FOR ALL MariaDB
      SERVERS IN PRODUCTION USE!   PLEASE READ EACH STEP CAREFULLY!
In order to log into MariaDB to secure it, we'll need the current
password for the root user.  If you've just installed MariaDB, and
you haven't set the root password yet, the password will be blank,
so you should just press enter here.
Enter current password for root (enter for none): #回车
OK, successfully used password, moving on...
Setting the root password ensures that nobody can log into the MariaDB
root user without the proper authorisation.
Set root password? [Y/n] Y
New password:123
Re-enter new password:123
Password updated successfully!
Reloading privilege tables..
 ... Success!
……此处省略部分代码……
Thanks for using MariaDB!
```

这里设置的用户名默认为root,密码为123。

③登录数据库测试。

```
[root@web1 ~]# mysql  -uroot  -p123
Welcome to the MariaDB monitor.  Commands end with ; or \g.
Your MariaDB connection id is 11
Server version: 5.5.64-MariaDB MariaDB Server
Copyright (c) 2000, 2018, Oracle, MariaDB Corporation Ab and others.
Type 'help;' or '\h' for help. Type '\c' to clear the current input statement.
MariaDB [(none)]> \q
Bye
```

④测试PHP与数据库是否连通。

在网站根目录下创建linktest.php，并使用之前设置数据库的账户及密码进行连接测试。若能正常连接数据库，则返回"Successfully"；反之返回"Fail"，具体命令如下所示。

```
[root@web1 ~]# vim /var/www/html/linktest.php
<?php
$link=mysql_connect('localhost','root','123');
if ($link)
echo "Successfully";
else
echo "Fail";
mysql_close();
?>
```

在浏览器上访问linktest.php，结果如图2.7所示。

图 2.7 PHP 与数据库连通性测试页

由图2.7可知，服务器目前无法处理PHP请求。虽然已经安装了数据库，但是并没有将数据库与网站服务连接起来，这是因为缺少PHP与数据库连接的插件。

⑤查看PHP的拓展模块。

```
[root@web1 ~]# php -m | grep mysql
```

⑥安装php-mysql。

```
[root@web1 ~]# yum -y install php-mysql
……此处省略部分代码……
已安装:
php-mysql.x86_64 0:5.4.16-48.el7
```

作为依赖被安装：
php-pdo.x86_64 0:5.4.16-48.el7
完毕！

⑦再次查看PHP的拓展模块。

[root@web1 ~]# php -m | grep mysql
mysql
mysqli
pdo_mysql

⑧重启Apache服务。

[root@web1 ~]# systemctl restart httpd

⑨再次在浏览器上访问linktest.php，结果如图2.8所示。

图 2.8　PHP 与数据库连通性测试页

修改linktest.php中的账户或密码，目的是用错误的用户信息访问，测试反馈结果。再次访问linktest.php，结果如图2.9所示。

图 2.9　PHP 与数据库连通性测试页

由上述内容可知，在Apache上运行一个网站，只需要将源码文件存放到网站根目录即可。

2.3　搭建 LNMP 平台

2.3.1　LNMP 简介

　　LNMP是Linux Nginx MySQL PHP的简写，它将Nginx、MySQL以及PHP安装在Linux系统上，形成了一个高效、免费、高扩展的网站服务系统，是国内大中型互联网公司常用的Web搭建框架。

　　与LAMP不同，在LNMP环境中使用Nginx作为Web服务器，而不是Apache。Nginx (engine x) 是一款高性能、轻量级的Web服务器，同时也是一款反向代理服务器和邮箱代理服务器（IMAP/POP3/SMTP），具有性能优越、功能丰富、占用内存少等优点。国内的知名网站如百度、淘宝、小米等都在使用Nginx满足其高并发业务需求，并逐渐取代了Apache的地位。

　　LNMP的工作原理如图2.10所示。

　　浏览器向服务器（Nginx）发送请求，服务器响应并处理Web请求。如果请求是静态文本，服务器直接返回，否则服务器通过网关协议传输脚本（PHP）给PHP-FPM（进程管理程序），PHP-FPM再调用PHP解析器中的一个进程PHP-CGI来解析PHP脚本信息。

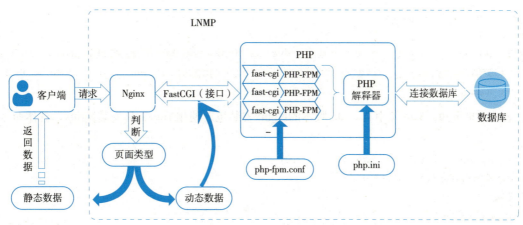

图 2.10　LNMP 工作原理图

解析后的脚本信息再传回给PHP-FPM，PHP-FPM通过fast-cgi方式将信息返回给服务器（Nginx），服务器再将响应通过Http response的形式传回给浏览器。浏览器对响应进行解析、渲染，然后呈现给用户。

2.3.2　LNMP 的分离部署及测试

准备两台虚拟机或服务器，分离部署LNMP环境，见表2.3。

表 2.3　LNMP 环境准备

HostName	IP	说　　明
web1	192.168.77.139	应用程序及文件服务器
db1	192.168.77.140	数据库服务器

应用程序及文件服务器需要Nginx+PHP-FPM插件支持，这里数据库服务器使用MariaDB实现。

1. 部署 Nginx

在应用服务器（192.168.77.139）上部署Nginx。查询Nginx的安装包信息，具体命令如下所示。

```
[root@web1 ~]# yum info nginx
已加载插件: fastestmirror
Loading mirror speeds from cached hostfile
 * base: mirrors.aliyun.com
 * extras: mirrors.aliyun.com
 * updates: mirrors.aliyun.com
可安装的软件包
名称: nginx
架构: x86_64
时期: 1
版本: 1.20.1
发布: 9.el7
大小: 587 k
源: epel/x86_64
简介: A high performance web server and reverse proxy server
```

```
网址：https://nginx.org
协议：BSD
描述：Nginx is a web server and a reverse proxy server for HTTP, SMTP, POP3 and
    : IMAP protocols, with a strong focus on high concurrency, performance and low
    : memory usage.
```

由上述结果可知，Yum源中有1.20.1版本的Nginx安装包。使用Yum工具安装Nginx，具体命令如下所示。

```
[root@web1 ~]# yum -y install nginx
……此处省略部分代码……
已安装：
  nginx.x86_64 1:1.20.1-9.el7
作为依赖被安装：
  CentOS-indexhtml.noarch 0:7-9.el7.CentOS
  gperftools-libs.x86_64 0:2.6.1-1.el7
  nginx-filesystem.noarch 1:1.20.1-9.el7
  openssl11-libs.x86_64 1:1.1.1k-2.el7
完毕！
```

启动Nginx服务，并设置该项服务开机自启，具体命令如下所示。

```
[root@web1 ~]# systemctl start nginx
[root@web1 ~]# systemctl enable nginx
```

Nginx服务启动后，会在80端口等待用户请求的到来。检查Nginx是否正常工作在80端口的具体命令如下所示。

```
[root@web1 ~]# netstat -unltp | grep 80
tcp    0   0 0.0.0.0:80         0.0.0.0:*        LISTEN    14484inx: master
tcp6   0   0 :::80              :::*             LISTEN    14484inx: master
```

由上述结果可知，Nginx服务已经在正常运行。打开浏览器，访问web1主机的IP，即可进入Nginx的欢迎界面，如图2.11所示。

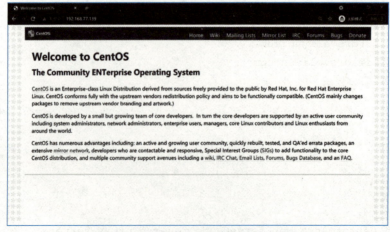

图2.11　Nginx 指向 CentOS 的欢迎页面

由图2.11可知，在Nginx上访问到了CentOS的欢迎页面。这是因为Nginx.conf文件中指向的/usr/share/nginx/html/index.html文件就是CentOS的欢迎页面，这正是Nginx正常运行的表现。

在LNMP架构中，Nginx的默认网站目录是/usr/share/nginx/html，源码包一般放在该目录下。错误日志一般存放在/var/log/nginx/access.log文件中，在系统报错时可以通过查看日志文件排查原因。

接下来可以测试Nginx是否能够解析常见的静态和动态网页。首先，需要进行静态网页的测试。在/usr/share/nginx/html目录下创建一个Html静态页面，具体命令如下所示。

```
[root@web1 ~]# cd /usr/share/nginx/html
[root@web1 html]# vim index.html
Welcome to the world !
```

在浏览器中访问web1主机的IP地址，结果如图2.12所示。

图 2.12　静态网站测试页

由图2.12可知，静态页面被成功解析，可以正常访问。

此处以PHP语言作为动态页面测试对象。在网站根目录下创建一个PHP文件，具体命令如下所示。

```
[root@web1 html]# vim index.php
<?php
  phpinfo();
?>
#按Esc键，输入:wq，按Enter键，保存并退出
```

在浏览器中访问http://192.168.77.139/index.php，结果如图2.13所示。

图 2.13　动态网站测试页

由图2.13可知，服务器并不能识别index.php文件，只能为用户提供文件下载功能。这是因为Nginx本身并不能识别PHP语言。要查看PHP文本的内容，就必须下载PHP插件完善Nginx的功能。

2. 部署 PHP-FPM

Nginx不支持对外部动态程序的直接调用或者解析，所有外部程序（包括PHP）必须通过fast-cgi接口调用。要让服务器可以处理PHP文件，就必须安装PHP-FPM。

在应用服务器上安装PHP-FPM及相关插件，具体命令如下所示。

```
[root@web1 ~]# yum install -y php-fpm php-mysql php-gd
```

上述代码中，不仅安装了PHP-FPM，还安装了其相关依赖包。其中，PHP-Mysql是用于连接MySQL数据库的程序，php-gd是用于处理图片或者生成图片的图形库程序。

PHP-FPM安装完成后，将其开启并设置开机自启，具体命令如下所示。

```
[root@web1 ~]# systemctl start php-fpm
[root@web1 ~]# systemctl enable php-fpm
```

查看PHP-FPM的进程信息，结果如下所示。

```
[root@qfedu ~]# netstat -anpt | grep php-fpm
tcp    0   0 127.0.0.1:9000   0.0.0.0:*    LISTEN    72441/php-fpm: mast
```

由上述结果可知，服务器9000端口已经被PHP-FPM程序使用。

由于Nginx默认只处理以.html结尾的文件，而现在网站要处理PHP文件，因此需要将.php文件加入网站处理的范围之内，并更新网站接收的文件类型配置，具体命令如下所示。

```
#在Nginx配置文件的Server模块内进行添加即可
[root@web1 ~]# vim /etc/nginx/conf.d/default.conf
server {
    listen       80;
    server_name  localhost;
    location / {
        root   /usr/share/nginx/html;
        index  index.html index.htm index.php;
    }
    #省略部分代码
}
```

除了添加PHP主页名称，还需在Nginx的配置文件中启用FastCGI功能，在Server模块中配置FastCGI解释器和调用路径，修改后的内容如下所示。

```
location ~ \.php$ {
    root           /usr/share/nginx/html;
    fastcgi_pass   127.0.0.1:9000;
    fastcgi_index  index.php;
    fastcgi_param  SCRIPT_FILENAME /$document_root$fastcgi_script_name;
    include        fastcgi_params;
}
```

上述代码中的参数解释如下。

◎ location ~ \.php$ { }：表示匹配请求URL中以.php结尾的请求，并将其处理。

◎ root /usr/share/nginx/html;：表示指定PHP文件所在的根目录，即请求文件的基础路径。

◎ fastcgi_pass 127.0.0.1:9000;：表示将请求转发给FastCGI进程，其中127.0.0.1表示本机IP地址，9000表示FastCGI进程监听的端口号。

◎ fastcgi_index index.php;：表示默认情况下使用index.php文件作为索引文件。

◎ fastcgi_param SCRIPT_FILENAME /$document_root$fastcgi_script_name;：表示传递SCRIPT_FILENAME参数给FastCGI进程，该参数指定了需要执行的PHP脚本文件名，其中$document_root表示根目录路径，$fastcgi_script_name表示匹配的请求文件路径。

◎ include fastcgi_params;：表示包含fastcgi_params文件中的参数，其中包含了FastCGI进程所需要的一些参数信息。

修改完成后，再次重启Nginx，访问测试文件index.php，结果如图2.14所示。

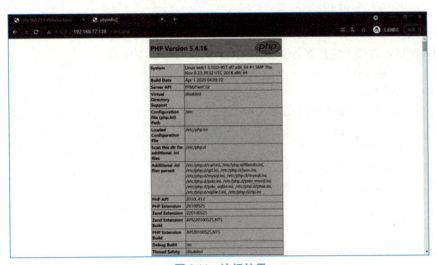

图2.14　访问结果

由图2.14可知，此时已经可以看到PHP的基础信息，包括版本信息、创建时间、文件路径等，说明应用服务器已部署完成。

3. 部署数据库

在准备的数据库服务器（192.168.77.140）上部署MariaDB。首先安装MariaDB客户端与服务端，具体命令如下所示。

```
[root@db1 ~]# yum -y install mariadb mariadb-server
……此处省略安装过程的代码……
```

启动MariaDB服务，并设置开机自启，具体命令如下所示。

```
[root@db1 ~]# systemctl start mariadb
[root@db1 ~]# systemctl enable mariadb
```

通过如下指令进入数据库安全设置模式，更改数据库密码，具体命令如下所示。

```
[root@db1 ~]# mysql_secure_installation
NOTE: RUNNING ALL PARTS OF THIS SCRIPT IS RECOMMENDED FOR ALL MariaDB
      SERVERS IN PRODUCTION USE!  PLEASE READ EACH STEP CAREFULLY!
In order to log into MariaDB to secure it, we'll need the current
password for the root user. If you've just installed MariaDB, and
```

```
you haven't set the root password yet, the password will be blank,
so you should just press enter here.
Enter current password for root (enter for none):
OK, successfully used password, moving on...
Setting the root password ensures that nobody can log into the MariaDB
root user without the proper authorisation.
Set root password? [Y/n] Y
New password:123
Re-enter new password:123
……此处省略部分代码……
Thanks for using MariaDB!
```

这里设置的用户名默认为root，密码为123。

登录数据库测试，并授予应用服务器操作权限，具体命令如下所示。

```
[root@db1 ~]# mysql  -uroot  -p123
……此处省略部分代码……
MariaDB [(none)]> grant all on *.* to root@'192.168.77.139' identified by '123';
Query OK, 0 rows affected (0.00 sec)
#刷新
MariaDB [(none)]> flush privileges;
Query OK, 0 rows affected (0.00 sec)
#退出
MariaDB [(none)]> \q
Bye
```

由上述结果可知，此时已成功登录数据库完成相关授权。

测试数据库是否能与网站进行连接之前，需要在网站默认目录下创建文件link.php，文件内容如下所示。

```
[root@db1 ~]# cat /usr/share/nginx/html/link.php
<?php
$link=mysql_connect('192.168.77.140','root','123');
if ($link)
echo "Successfully";
else
echo "Fail";
mysql_close();
?>
```

在浏览器中访问link.php，结果如图2.15所示。

图 2.15　访问结果

通过图2.15可知，此时网站与数据库已建立有效连接，LNMP架构部署完成。

2.4 Nginx 负载均衡

2.4.1 反向代理与负载均衡

Nginx不仅是一款优秀的Web软件,还可以作为七层代理和负载均衡。七层负载均衡在应用层,可以完成很多应用方面的协议请求,比如HTTP应用负载均衡,它可以实现HTTP信息的改写、头信息的改写、安全应用规则控制、URL匹配规则控制,以及转发、rewrite等功能。

代理服务器(Proxy Server)是网络信息的中转站,相当于个人网络和Internet服务商之间的代理,负责转发合法的网络信息,同时对转发的信息进行控制和登记。根据代理方式的不同,代理可以分为正向代理和反向代理。

正向代理是一种位于客户端和服务端之间的代理节点,客户端发送请求到正向代理,正向代理再向服务端发出请求,并将响应返回给客户端。常见的正向代理包括路由器和防火墙。通常,防火墙禁止客户端直接访问外网,正向代理则允许内网客户端通过代理访问外网,并隐藏客户端对外网服务端的真实身份,如图2.16所示。

正向代理可以隐藏客户端信息,使服务端无法判断请求是否来自恶意访问,因此存在安全隐患。为了防止恶意客户端会直接访问Web服务器,网站也可以使用代理器,称为反向代理。

反向代理同样是处于客户端与服务端之间的代理节点,与正向代理不同的是,反向代理是服务于客户端的代理节点。客户端的请求不会直接发送给服务端,而是先由反向代理服务器接收,再由反向代理发送给服务端,如图2.17所示。

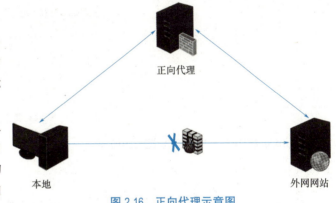

图 2.16 正向代理示意图

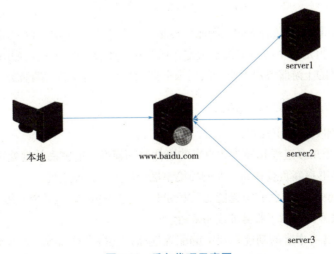

图 2.17 反向代理示意图

正向代理和反向代理的区别在于代理的方向不同。正向代理代理的对象是客户端，而反向代理代理的对象是服务器。负载均衡是一种代理方式，在Nginx负载集群中，Nginx作为反向代理使用，因为它的反向代理功能实现的效果是负载均衡集群的效果，本书将其称为Nginx负载均衡。

Nginx作为反向代理可以根据URL判断请求并将其分配到不同的后端Web服务器上，因此它是一个典型的七层负载均衡器。当大量用户访问网站时，Nginx将用户的请求转发给后端对应的服务器进行处理，服务器处理完请求后再将其转发回Nginx负载均衡服务器，最终响应给客户端。这样可以实现负载均衡的功能，提升系统的吞吐量、请求性能和容灾能力。

Nginx实现负载均衡需要使用proxy_pass代理模块进行配置，与Nginx的代理功能类似。当客户端发起请求时，Nginx负载均衡将其代理转发至一组上游服务器，如图2.18所示。

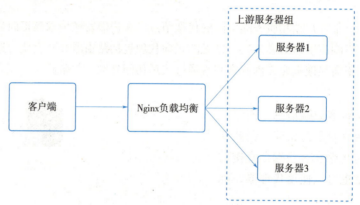

图 2.18　Nginx 负载均衡

Nginx负载均衡实现原理如图2.19所示。

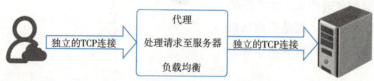

图 2.19　Nginx 负载均衡实现原理

Nginx使用upstream模块定义后端的上游服务器组，同时在其中添加多台后端服务器。然后在server模块中定义虚拟主机，但是这个虚拟主机不指定自己的Web目录站点，它将使用location规则匹配URL，然后转发到上面定义好的上游服务器组中，最后根据调度算法再转发到后端服务器上。

2.4.2　Nginx 负载均衡的优势与劣势

Nginx作为负载均衡具备如下优势：

①高性能：Nginx采用多进程和异步非阻塞的事件驱动模型，能够高效地处理大量并发请求，支持高并发的网络连接，能够在高负载和高并发的环境下保持出色的性能表现。

②高可靠性：Nginx具有出色的容错能力和稳定性，支持热部署和平滑升级，可以无缝切换服务，不会影响正在运行的服务，保障了服务的高可靠性。

③灵活性：Nginx具有丰富的功能和灵活的配置选项，支持多种负载均衡策略，如轮询、IP hash、最小连接数等，还支持健康检查和故障转移等功能，能够适应不同的负载均衡需求。

④易于部署和管理：Nginx的安装和配置相对简单，同时提供了丰富的监控和管理工具，能够方便地进行负载均衡集群的部署和管理。

⑤支持动态扩展：Nginx支持水平扩展，可以通过增加负载均衡节点来扩展系统的性能和容量，同时支持多种第三方模块和插件，可以方便地进行功能扩展。

Nginx虽然是一款高性能负载均衡，但也存在一些劣势，比如配置复杂、对TCP连接的限制、不支持WebSocket和UDP等协议、对TLS加密的处理有限，以及需要考虑多台服务器之间的数据同步问题等。因此，在使用Nginx作为负载均衡器时，需要仔细考虑其优劣势，根据实际需求和场景进行选择和配置。

2.4.3 Nginx 负载均衡算法

负载均衡需要将流量分发给后端Web服务器，不同的算法决定了负载均衡的流量分发方式。通过使用不同的算法，负载均衡可以实现多种不同的负载均衡策略，如轮询、加权轮询、IP哈希、最小连接数等，以实现不同的负载均衡需求。

接下来，将介绍常用的五种Nginx负载均衡算法。

1. 轮询算法（Round Robin，RR）

轮询算法是负载均衡分发流量的默认算法。负载均衡调度器通过轮询调度算法将外部请求按顺序轮流分配到集群中的后端服务器上，无论服务器上承载着多少连接数和系统负载。

轮询算法的配置如下所示。

```
#配置服务器组
upstream test {
    server 192.168.0.11:8080;
    server 192.168.0.12:8080;
}
server {
       ……此处省略部分代码……
    #引用服务器组
    location / {
      proxy_pass http://test;
      proxy_set_header Host $host:$server_port;
    }
}
```

2. 加权轮询算法（Weight Round Robin，WRR）

负载均衡调度器可以通过weight参数指定轮询算法中的权重，权重越大，被调度的次数越多。

加权轮询算法的配置如下所示。

```
upstream test {
    server 192.168.0.11:8080 weight=10;
    server 192.168.0.12:8080 weight=5;
}
```

3. IP_hash 算法

负载均衡调度器可以根据请求的IP地址进行调度，从而解决会话的问题，但在此情况下无法使用权重参数。也就是说，负载均衡调度器会将来自同一个客户端IP的请求发送到同一个Web服务器上，从而保证会话的一致性。

IP_hash算法的配置如下所示。

```
upstream test {
    ip_hash;
    server 192.168.0.11:8080;
    server 192.168.0.12:8080;
}
```

4. fair 公平算法

fair公平算法是Nginx借助第三方插件实现的调度算法。该算法可以使负载均衡调度器根据请求页面的大小和加载时间长短进行调度，前提是使用第三方的upstream_fair模块。当客户端请求页面比较大时，负载均衡则将请求转发给性能较高的Web服务器。

fair公平算法的配置如下所示。

```
upstream backserver {
    server server1;
    server server2;
    fair;
}
```

5. URL_hash 算法

URL_hash算法是Nginx借助第三方插件实现的调度算法。该算法使用负载均衡调度器对客户端请求的URL进行hash操作，并将hash值与后端服务器列表中的服务器进行匹配，从而将相同的URL请求定向到同一台服务器上。这种方式可以有效提高缓存的效率，但前提是使用第三方的hash模块来实现。当用户再次请求之前访问过的页面时，负载均衡调度器会将请求转发给相同的后端服务器，从而减少了服务器之间的数据传输量，提高了系统的整体性能。

URL_hash算法的配置如下所示。

```
upstream backserver {
    hash $request_uri;
    hash_method crc32;
    server 192.168.0.11:8080;
    server 192.168.0.12:8080;
}
```

2.4.4 Nginx 负载均衡后端状态

后端Web服务器在前端Nginx负载均衡调度中的状态，主要有以下几种。

①down：表示当前的服务器暂时不参与负载。

②weight：默认值为1。weight值越大，负载的权重就越大。

③max_fails：表示允许请求失败的次数，默认值为1。当超过最大次数时，返回proxy_next_

upstream模块定义的错误。

④fail_timeout：达到max_fails所指定的失败次数后需要暂停的时间。

⑤backup：所有非backup状态的服务器，down或者压力很大时，backup服务器将会开始接受请求，所以这台服务器压力会最小。

⑥client_body_in_file_only：设置为on可以将客户端上传的数据记录到文件中用作调试。

⑦client_body_temp_path：设置记录文件的目录，最多可以设置三层目录。

⑧Location：对URL进行匹配，可以进行重定向或者进行新的负载均衡。

2.4.5　Nginx 负载均衡的应用

实际上，企业的访问流量大小并不是使用负载均衡的唯一因素。除了流量大小之外，还需要考虑高可用性、容灾性等因素。对于小型企业而言，若其业务系统具备高可用性和容灾性，则需要使用至少一台Web服务器。对于中型企业而言，如果业务系统需要高可用性和容灾性，并且需要进行分流和策略控制，则需要使用四层和七层负载均衡器。对于大型企业而言，需要进行集群和分布式的部署，同时使用四层和七层负载均衡器，以应对大量的访问流量。因此，选择使用负载均衡的架构需要根据具体情况而定，不能简单地以访问量大小为唯一标准。

大型架构中，会同时使用四层代理与七层代理。常见的大型负载架构如图2.20所示。

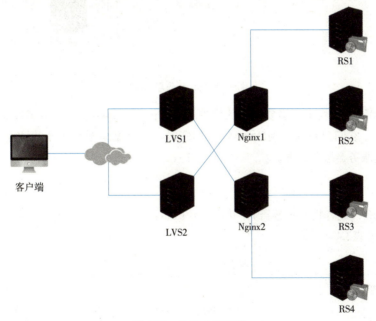

图 2.20　负载均衡拓扑

由图2.20可知，流量到达网站后首先会在LVS负载均衡调度器上进行四层请求的分发，分发后的请求再经过Nginx七层负载均衡器的调度，才能到达后端服务器并接受处理。

负载均衡主要是通过一定的规则将大量并发请求分发给不同的服务器进行处理，以降低某台服务器的瞬时压力并提高网站的可用性。Nginx是一个广泛使用的负载均衡应用，其灵活的配置使得一个nginx.conf文件可以解决大部分问题，包括创建虚拟服务器、反向代理服务器以及负载均衡等。搭建完成Nginx后，它可以在服务器上轻松运行，并且只需要占用少量资源即可实现多种实用功能。

2.5 Web 集群业务上线

2.5.1 工作原理

在负载均衡集群中，Web服务集群的所有服务器节点提供相同的服务，而集群负载均衡器则接收用户的入站请求并将其分配给后端的Web服务集群，从而实现负载均衡功能，提高系统的吞吐量、请求性能和容灾能力。本案例中，将使用Nginx作为负载均衡器和反向代理服务器，并在Web集群上部署博客应用，其工作原理如图2.21所示。

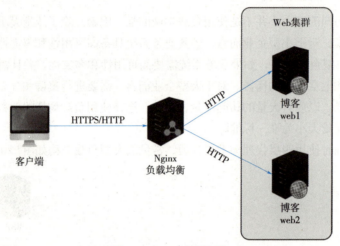

图 2.21 Web 集群架构

要在Nginx中实现负载均衡，需要使用代理模块中的proxy_pass配置，这与Nginx的代理功能相似。当用户发出请求时，它们会被发送到Nginx负载均衡器，并根据负载均衡器的调度算法将请求转发到web1和web2等后端服务器进行处理。

2.5.2 准备环境

准备四台虚拟机（或者物理服务器），其中一台做负载均衡器，两台Web服务器做集群，一台做数据库服务器，具体见表2.4。

表 2.4 LAMP 环境准备

HostName	IP	说 明
lb1	192.168.77.139	Nginx 负载均衡器
web1	192.168.77.140	Web 服务器部署论坛应用
web2	192.168.77.141	Web 服务器部署论坛应用
db1	192.168.77.142	数据库服务器

这里数据库服务器采用MariaDB进行实现，操作系统版本为CentOS 7.6。

为了确保服务器的时间一致，以避免时间干扰影响工作内容（例如，某些计划工作可能与时间相关度很高），从而为用户提供更优质的服务，通常需要对网站后台的所有服务器进行时间校准。下一步可以使用ntpdate工具对服务器时间进行校准。

在各个服务器上安装ntpdate工具，具体命令如下所示。

```
[root@qfedu ~]# yum -y install ntpdate
```

在使用ntpdate工具校对时间时，在命令中添加时间服务器的IP地址或域名即可。而时间服务器的IP地址或域名可以使用搜索引擎进行搜索获取。此处参考NTP授时快速域名服务网站[见图2.22(a)]，该网站中含有大量的时间服务器IP地址供用户使用。

在网站主页面的"IP池"中可获取时间服务器IP地址，如图2.22(b)所示。

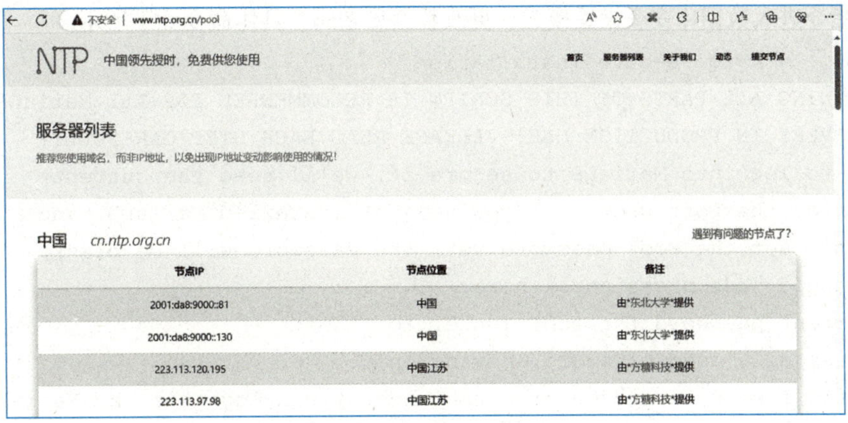

(a) NTP 授时快速域名服务网站

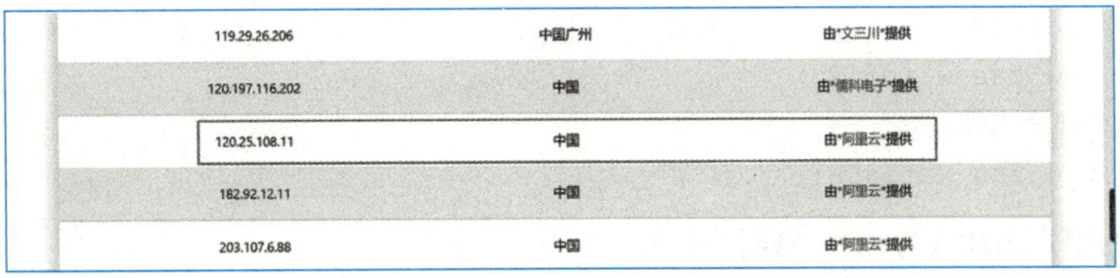

(b) 获取服务器 IP 地址

图 2.22　时间服务器"IP 池"

"IP池"中的时间服务器IP地址都是由网站本身、企业或个人提供的，为了保证其服务的可靠性，应尽量选择由网站本身或企业提供的时间服务器IP地址。此处选用国内网站提供的120.25.108.11进行时间校对，将"IP池"中对应时区的时间服务器IP添加到时间调整命令中，具体命令如下所示。

```
[root@qfedu ~]# ntpdate -u 120.25.108.11
```

在线上业务中为了保证服务器系统时间的准确性，可以通过配置计划任务定时对系统时间进行校准，具体命令如下所示。

```
[root@qfedu ~]# crontab -e
*/30 * * * * ntpdate -u 120.25.108.11
[root@qfedu ~]# crontab -l
*/30 * * * * ntpdate -u 120.25.108.11
```

上述示例中，添加了一条每30 min校准一次系统时间的计划任务。

2.5.3 部署数据库

在数据库服务器上部署MariaDB。首先安装MariaDB客户端与服务端，具体命令如下所示。

```
[root@db1 ~]# yum -y install mariadb mariadb-server
……此处省略部分代码……
```

启动MariaDB服务，并设置开机自启，具体命令如下所示。

```
[root@db1 ~]# systemctl start mariadb
[root@db1 ~]# systemctl enable mariadb
```

通过如下指令进入数据库安全设置模式，更改数据库密码，具体命令如下所示。

```
[root@db1 ~]# mysql_secure_installation
NOTE: RUNNING ALL PARTS OF THIS SCRIPT IS RECOMMENDED FOR ALL MariaDB
      SERVERS IN PRODUCTION USE!  PLEASE READ EACH STEP CAREFULLY!
In order to log into MariaDB to secure it, we'll need the current
password for the root user.  If you've just installed MariaDB, and
you haven't set the root password yet, the password will be blank,
so you should just press enter here.
Enter current password for root (enter for none):
OK, successfully used password, moving on...
Setting the root password ensures that nobody can log into the MariaDB
root user without the proper authorisation.
Set root password? [Y/n] Y
New password:123
Re-enter new password:123
……此处省略部分代码……
Thanks for using MariaDB!
```

这里设置的用户名默认为root，密码为123。

登录数据库，授予Web服务器操作权限，然后创建网站数据库，具体命令如下所示。

```
[root@db1 ~]# mysql  -uroot  -p123
……此处省略部分代码……
MariaDB [(none)]> grant all on *.* to root@'192.168.77.140' identified by '123';
Query OK, 0 rows affected (0.00 sec)
MariaDB [(none)]> grant all on *.* to root@'192.168.77.141' identified by '123';
Query OK, 0 rows affected (0.00 sec)
--创建discuz数据库，做Web集群的数据库
MariaDB [(none)]> create database discuz;
Query OK, 1 row affected (0.21 sec)
--刷新
MariaDB [(none)]> flush privileges;
Query OK, 0 rows affected (0.06 sec)
--退出
MariaDB [(none)]> \q
Bye
```

2.5.4 论坛业务上线

在Web服务器上搭建LNMP环境。安装Nginx，并设置为开机自启，具体命令如下所示。

```
[root@web1 ~]# yum install -y nginx
[root@web1 ~]# systemctl start nginx
[root@web1 ~]# systemctl enable nginx
```

Nginx服务启动后，会通过80端口接受用户请求。检查80端口，验证Nginx是否正常工作，具体命令如下所示。

```
[root@web1 ~]# netstat -unltp | grep 80
tcp    0    0 0.0.0.0:80        0.0.0.0:*        LISTEN      14484inx: master
tcp6   0    0 :::80             :::*             LISTEN      14484inx: master
```

由上述结果可知，此时Nginx已经在80端口正常运行。

下载安装PHP-FPM及相关插件，具体命令如下所示。

```
[root@web1 ~]# yum install -y php-fpm php-mysql php-gd
```

PHP-FPM安装完成后，将其开启并设置开机自启，具体命令如下所示。

```
[root@web1 ~]# systemctl start php-fpm
[root@web1 ~]# systemctl enable php-fpm
```

PHP的默认端口号是9000，通过查看该端口验证PHP-FPM的运行情况，具体命令如下所示。

```
[root@web1 ~]# netstat -anpt | grep php-fpm
tcp    0    0 127.0.0.1:9000    0.0.0.0:*        LISTEN      72441/php-fpm: mast
```

由上述结果可知，服务器9000端口已经被PHP-FPM程序使用。

Nginx默认只处理以.html结尾的文件，要让网站处理PHP文件，就需要将.php文件加入网站处理的范围。修改网站接收的文件类型，具体命令如下所示。

```
[root@web1 ~]# vi /etc/nginx/conf.d/default.conf
server {
    listen 80;
    server_name localhost;
    location / {
        root /usr/share/nginx/html;
        index index.php index.html index.htm;
    }
    location ~ \.php$ {
        root /usr/share/nginx/html;
        fastcgi_pass 127.0.0.1:9000;
        fastcgi_index index.php;
        fastcgi_param SCRIPT_FILENAME $document_root$fastcgi_script_name;
        include fastcgi_params;
    }
}
```

至此web1服务器的LNMP环境搭建完成，web2服务器执行同web1服务器的所有操作，然后重新启动Nginx。

在Discuz官方网站获取Discuz项目包，将其作为需要上线的软件包。

将项目包在/tmp目录下解压，具体命令如下所示。

```
[root@web1 tmp]# unzip Discuz_X3.4_SC_UTF8.zip
[root@web1 tmp]# ls /tmp/
Discuz_X3.4_SC_UTF8.zip  readme   upload    utility
[root@web1 tmp]# ls upload/
admin.php   connect.php       group.php    member.php    search.php   uc_server
api         crossdomain.xml   home.php     misc.php      source
api.php     data              index.php    plugin.php    static
archiver    favicon.ico       install      portal.php    template
config      forum.php         m            robots.txt    uc_client
```

为将html目录下的默认文件删除，具体命令如下所示。

```
[root@web1 ~]# rm -rf /usr/share/nginx/html/*
```

将软件包目录下所有文件备份到页面路径下，具体命令如下所示。

```
[root@web1 ~]# cp -rf upload/* /usr/share/nginx/html/
```

授予该路径相应的权限，具体命令如下所示。

```
[root@web1 ~]# chown -R nginx.nginx /usr/share/nginx/html/*
```

有了执行权限，业务才可以正常运行。重新启动Nginx服务，即可访问到该业务，如图2.23所示。

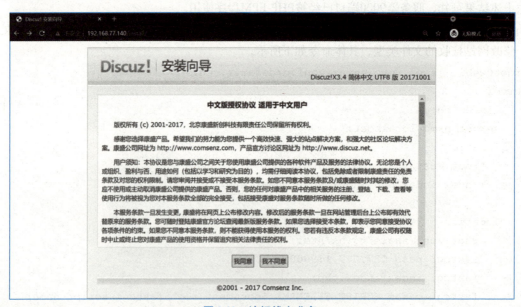

图2.23　访问线上业务

单击"我同意"按钮，进入论坛安装页面，具体如图2.24所示。

如果在图2.24界面中出现部分文件不可写的提示，可以通过终端对项目文件与目录授予相关权限，具体命令如下所示。

```
[root@web1 html]# chmod -R 777 /usr/share/nginx/html/*
```

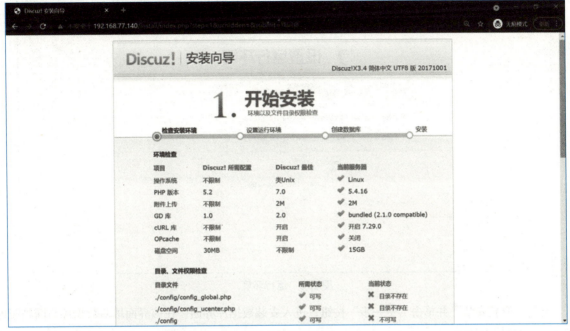

图 2.24 安装界面

授予文件、目录相关权限之后,即可解决上述问题,如图2.25所示。

单击"下一步"按钮,设置运行环境,具体如图2.26所示。

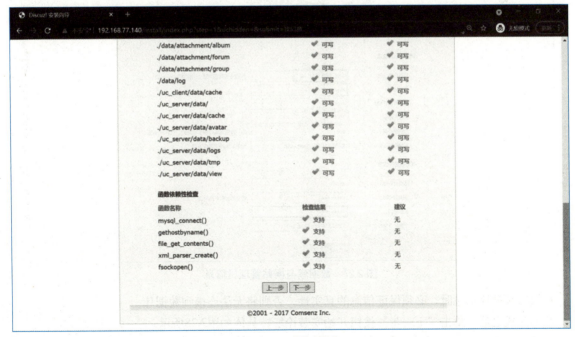

图 2.25 授权完成

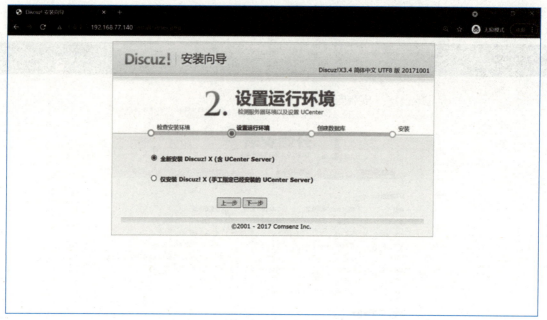

图 2.26　运行环境

选择"全新安装"并单击"下一步"按钮，进入安装数据库界面。在该界面填写数据库与网站管理员信息，如图2.27所示。

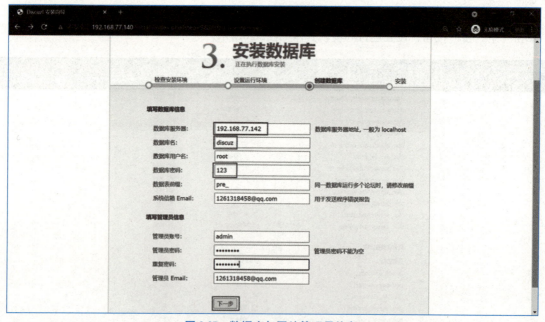

图 2.27　数据库与网站管理员信息

在填写数据库信息时，必须保证信息的真实性，否则将无法连接到数据库。
填写完成之后，单击"下一步"按钮开始安装论坛，具体如图2.28所示。
根据图2.28提示，继续访问页面，具体如图2.29所示。

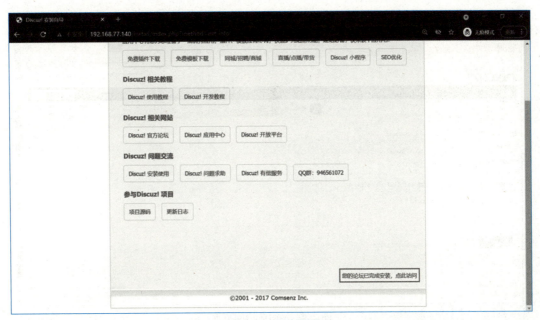

图 2.28 安装页面

图 2.29 论坛首页

此时，web1服务器业务已经正式上线。接着，将web1中的网站资源备份到web2中，具体命令如下所示。

[root@web1 ~]# scp -r /usr/share/nginx/html/* 192.168.0.111:/usr/share/nginx/html/

通过web2终端对各文件与目录授予相关权限，具体命令如下所示。

[root@web2 html]# chmod -R 777 /usr/share/nginx/html/*

访问web2的IP地址，具体如图2.30所示。

图 2.30　web2 访问界面

至此，Web后端服务器的论坛业务已成功上线。

2.5.5　部署 Nginx 负载均衡

本小节继续沿用2.5.4中的环境。

为了明确各个节点的身份，需要在负载均衡器（192.168.77.139）上做域名解析，使得它们在网络中彼此"认识"。在每个服务器的/etc/hosts文件中追加以下内容。

```
192.168.77.139 lb1 www.qfluntan.com qfluntan.com
192.168.77.140 web1
192.168.77.141 web2
```

保存之后，可以使用ping命令进行测试其效果，具体示例如下。

```
[root@lb1 ~]# ping web1
PING web1 (192.168.77.140) 56(84) bytes of data.
64 bytes from web1 (192.168.77.140): icmp_seq=1 ttl=64 time=0.611 ms
64 bytes from web1 (192.168.77.140): icmp_seq=2 ttl=64 time=0.348 ms
^C
--- web1 ping statistics ---
4 packets transmitted, 4 received, 0% packet loss, time 3001ms
rtt min/avg/max/mdev = 0.348/0.442/0.611/0.106 ms
```

上述步骤仅仅保证了虚拟机之间的身份认证，同理，如果需要在Windows的浏览器中使用域名访问网站，那么就需要在Windows本地进行域名解析，否则只能以IP地址的形式进行访问。

Windows本地hosts文件的默认位置在C:\Windows\System32\drivers\etc中，以记事本的方式打开hosts文件，追加以下内容即可。

```
192.168.77.139    qfluntan.com www.qfluntan.com
```

设置完成的hosts文件如下所示。

```
# Copyright (c) 1993-2009 Microsoft Corp.
#
# This is a sample HOSTS file used by Microsoft TCP/IP for Windows.
#
# This file contains the mappings of IP addresses to host names. Each
# entry should be kept on an individual line. The IP address should
# be placed in the first column followed by the corresponding host name.
# The IP address and the host name should be separated by at least one
# space.
#
# Additionally, comments (such as these) may be inserted on individual
# lines or following the machine name denoted by a '#' symbol.
#
# For example:
#
#      102.54.94.97     rhino.acme.com          # source server
#      38.25.63.10      x.acme.com              # x client host
       192.168.77.139   qfluntan.com www.qfluntan.com
# localhost name resolution is handled within DNS itself.
#      127.0.0.1        localhost
#      ::1              localhost
```

使用yum源安装Nginx的方式有两种，一种是通过自配Nginx yum源下载安装，另一种是从EPEL源中获取，这里采用第二种方式。

在服务器上安装EPEL源，具体命令如下所示。

```
[root@lb1 ~]# yum -y install epel-release
```

EPEL源安装完成后，可以使用ls命令查看服务器现有源，若其中包含了epel.repo，则说明EPEL源安装成功。

```
[root@lb1 ~]# ls /etc/yum.repos.d
CentOS-Base.repo  epel.repo
```

使用yum命令获取Nginx，具体命令如下所示。

```
[root@lb1 ~]# yum -y install nginx
```

安装Nginx后，编辑其配置文件/etc/nginx/nginx.conf，添加相关的服务器组，具体命令如下所示。

```
[root@lb1 ~]# vim /etc/nginx/nginx.conf
#注意更改的位置！
http {
      ……此处省略部分代码……
     server {
      ……此处省略部分代码……
      #引用服务器组
```

```
        location / {
        proxy_pass      http://html;
        proxy_set_header Host $host;
        proxy_set_header X-Real-IP $remote_addr;
        proxy_set_header REMOTE-HOST $remote_addr;
        proxy_set_header X-Forwarded-For $proxy_add_x_forwarded_for;
        }
……此处省略部分代码……
}
#配置服务器组
upstream   html {
     server web1:80 weight=5;
     server web2:80 weight=5;
}
}
```

上述配置文件中proxy相关内容的含义如下所示。

①proxy_pass：后端服务器。

②proxy_set_header：重新定义或者添加发往后端服务器的请求头。

③proxy_set_header X-Real-IP：启用客户端真实地址，否则日志中将显示代理服务器的IP地址，而不显示客户端的地址。

④proxy_set_header X-Forwarded-For：记录代理地址。

配置完成后启动Nginx，具体命令如下所示。

```
[root@lb1 ~]# systemctl start nginx
```

至此，负载均衡器配置完成。

2.5.6 实现 Web 服务负载均衡

由于负载均衡器中已经设置了域名，并且在Windows中也配置了域名解析，在浏览器访问网站时可以使用域名访问Web集群，具体如图2.31所示。

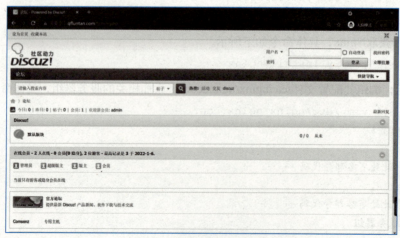

图 2.31 使用域名访问业务

刷新两次浏览器，使客户端发送两次请求，并在请求后查看访问日志。在web1和web2使用tail命令加-f参数可动态查看正在修改的文件，具体命令如下所示。

```
[root@web1 nginx]# tail -f /var/log/nginx/access.log
```

刷新浏览器，发送第一次请求，访问日志如图2.32所示。

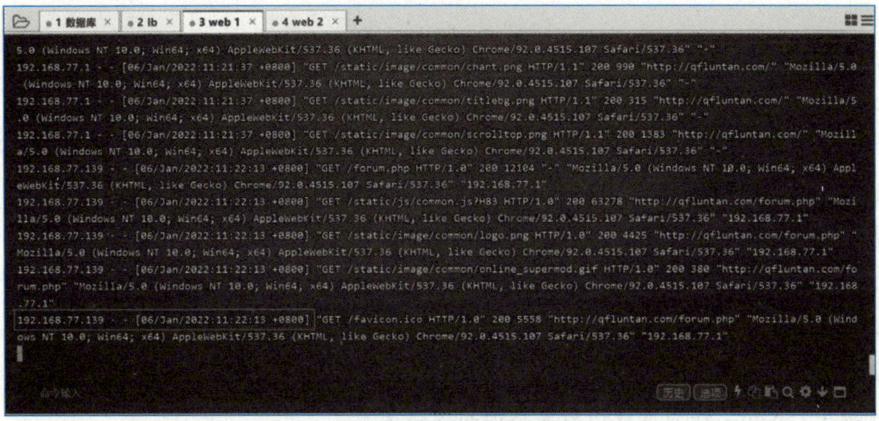

图 2.32　web1 访问结果

再次刷新浏览器，发送第二次请求，访问日志如图2.33所示。

图 2.33　web2 访问结果

从两次访问的日志中可以看到，第一次请求到来时，调度器将请求分配给了第一台后端服务器进行处理；第二次请求到来时，调度器默认按照轮询算法将请求分配给了第二台后端服务器进行处理，实现了系统的负载均衡。

小　　结

本章重点介绍了Nginx实现负载均衡的工作原理、部署方式和Nginx Web集群的搭建过程。通过本章的学习，希望读者能够了解Web服务集群及基础架构的概念，其次能够熟练掌握Nginx作为反向代理和负载均衡的使用方式，熟悉常用的负载均衡调度算法，最后能够成功搭建Web集群实现业务上线。

习 题

一、填空题

1. Web 服务集群是指配置若干（两台及以上）Web 服务器组成_____，作为_____为用户提供 Web 服务。
2. 当前主流的 Web 服务器有_____、_____、_____。
3. Nginx 不仅是一款优秀的 Web 软件，其_____和_____功能也是其主要功能。
4. 负载均衡调度器可以通过_____指定轮询的权重，权重（比例）越大，被调度的次数_____。
5. LAMP 是_____的简写，来运行动态网站或者服务器，是比较常用的_____。

二、选择题

1. 下列选项中，Nginx 可以实现的功能是（   ）。
   A. 反向代理　　　　　　　　　B. session 共享
   C. 负载均衡　　　　　　　　　D. 以上都是
2. 下列选项中，Nginx 作为负载均衡要添加的模块是（   ）。
   A. upstream　　　　　　　　　B. Notice
   C. HTTP rewrite　　　　　　　D. HTTP proxy
3. 下列选项中，不是 Nginx 作为负载均衡具备的特点的是（   ）。
   A. 开源软件　　　　　　　　　B. 内置的健康检查功能
   C. 上传文件使用同步模式　　　D. 支持多种分配策略
4. 下列选项中，负载均衡分发流量的默认算法是（   ）。
   A. 轮询算法　　　　　　　　　B. IP_hash 算法
   C. 加权轮询算法　　　　　　　D. URL_hash 算法
5. 下列选项中，Nginx 的监控端口是（   ）。
   A. 22　　　　　　　　　　　　B. 9000
   C. 80　　　　　　　　　　　　D. 88

三、简答题

1. 简述 Web 服务集群架构原理。
2. 简述 Nginx 实现负载均衡器的原理。

四、操作题

通过 Nginx 负载均衡搭建一个 Web 集群，以及成功上线一个业务。要求负载均衡使用加权轮询算法，web1 接受的请求是 web2 的两倍。

第 3 章　数据库集群

学习目标

◎ 熟悉常用的数据库。
◎ 熟悉常用数据库集群架构。
◎ 掌握数据库主从复制的搭建方法。
◎ 掌握数据库读写分离的部署方式。

网站数据的安全性和连续性是运维人员的核心任务，而保障网站数据安全离不开数据库集群的构建。单机MySQL虽然读写速度快，但仅适用于低并发情况。随着用户量的激增，数据量呈指数级增长，从GB到TB再到PB，大量的读写请求会使单节点的MySQL硬盘无法承受。因此，许多大型网站构建数据库集群来提高数据库的安全性和可靠性，以确保网站的正常运行和数据的连续性。本章将详细讲解数据库集群相关知识。

3.1　数据库简介

数据库（Database）是按照一定的数据结构（数据结构是指数据的组织形式或数据之间的关系）来组织、存储及管理数据的系统，类似于电子化的文件柜，用户可以对文件中的数据进行新增、查询、更新、删除等操作。

早期常用的数据库模型有三种，分别为层次式数据库、网络式数据库、关系型数据库。而现代的互联网世界中，最常用的数据库模型只有两种，分别是关系型数据库和非关系型数据库。

1. 关系型数据库

尽管网络式数据库和层次式数据库已经能够解决数据的集中和共享问题，但是在数据独立和抽象级别上仍存在显著不足。用户存储这两种数据库时，仍需要了解数据的存储结构，并指定存取路径。相比之下，关系型数据库能够更好地解决这些问题。

关系型数据库模型将复杂的数据结构归纳为简单的二元关系，即二维表格形式。在关系型数据库中，几乎所有数据操作都基于一个或多个关系表格进行，通过分类、合并、连接或选取等操作来实现数据的管理。

关系型数据库是目前最受欢迎的数据库管理系统之一，其具备了成熟的存储技术。MySQL数据库是其中性能比较出色的数据库，许多中小型企业都会选择它作为数据库。

MySQL是由瑞典MySQL AB公司开发的一个关系型数据库管理系统，目前属于Oracle旗下产品之一。MySQL是最受欢迎的关系型数据库管理系统之一，尤其在Web应用方面表现突出，被认为是最好的关系数据库管理系统之一。

MySQL是一种关系型数据库管理系统，它将数据存储在不同的表中，而不是将所有数据放在一个大仓库内，这样可以提高速度和灵活性。MySQL所使用的SQL语句是用于访问数据库的最常用的标准化语言。MySQL软件采用了双授权政策，分为社区版和商业版。由于其具有体积小、速度快、成本低、开放源码等特点，一般中小型网站开发者都会选择MySQL作为网站数据库。

2. 非关系型数据库

非关系型数据库又称NoSQL数据库，NoSQL的含义是"Not Only SQL"，意思是指非关系型数据库而不是否定关系型数据库。因此，NoSQL的出现并非是要完全取代关系型数据库，而是作为传统数据库的一个有效补充。在特定场景下，NoSQL数据库可以展现出难以想象的高效率和高性能。

随着Web 2.0网站的兴起，传统的关系型数据库在应对规模日益扩大、数据越来越海量、拥有超大规模和高并发的纯动态网站（如微博、微信、SNS等）等方面已经显得力不从心，出现了许多难以克服的问题，例如，传统的关系型数据库I/O瓶颈和性能瓶颈都难以有效突破。因此，为应对这种情况，开始涌现了大量的针对特定场景，以高性能和使用便利为目标的功能特异化数据库产品。NoSQL（非关系型）类的数据库就是在这种情况下应运而生，并得到迅速发展。

3.2 数据库集群简介

数据库集群是由若干数据库服务器组成的系统，为客户端提供透明的数据服务。当大量读写请求到来时，数据库集群可以将请求分发给不同的节点，提高数据读写速度，同时也更好地解决了单节点数据库在高并发情况下的性能问题。数据库集群技术提供了数据安全性和冗余特性，避免了单点故障对网站系统产生的损失和负面影响，保障了系统的稳定性。

与数据库集群类似，分布式数据库系统也可以解决高并发量和容灾备份等问题，提高数据的安全性。分布式数据库系统通过利用网络连接分散的数据存储节点，组成一个整体提供数据库服务。用户可以通过就近访问原则访问最近的数据库节点，并且数据库各节点之间可以同步传输数据，以实现数据的一致性。

数据库集群与分布式数据库系统的对比如图3.1所示。

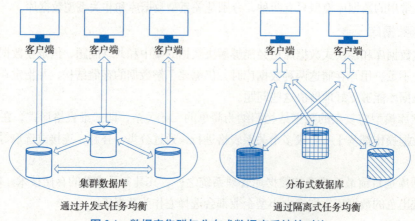

图3.1 数据库集群与分布式数据库系统的对比

数据库集群与分布式数据库系统的区别如下。

①数据库通常由多个相似或相同的数据集组成，而分布式数据库系统则通常由完全不同的数据集组成。

②数据库集群的各节点通常使用相同的操作系统、数据库版本以及相同版本的补丁包，而分布式数据库系统中各节点可以使用不同的操作系统和不同版本的数据库系统。

③数据库集群通常建立在高速局域网内，而分布式数据库系统可以建立在异地远程网络。

3.3 数据库集群架构

数据库集群常见的复制架构包括主从复制架构、多级复制架构，双主（Dual Master）复制架构、多源（Multi-Source）复制架构。下面对数据库架构进行进一步介绍。

3.3.1 主从复制

主从复制架构是指将数据库服务器分为主数据库和从数据库两个角色。主数据库负责处理客户端的所有请求，并将更新的数据写入二进制日志文件（binlog）中。从数据库则从主数据库的binlog文件中读取数据，将更新的数据同步到自己的数据库中。主从复制架构的优点在于可以提高数据库的读取性能和容错性。从数据库可以承担读取请求，减轻主数据库的读取压力，同时也可以作为主数据库的备份，当主数据库发生故障时，从数据库可以立即接管服务，保证了数据的可用性和系统的可靠性。

一主多从复制架构的逻辑图如图3.2所示。

主从复制架构是一种数据备份和灾备方案，其中主数据库（简称主库）为实时业务数据库，从数据库（简称从库）作为备用数据库。当主库发生故障时，可以切换到从库继续服务，避免数据丢失。在主库读取请求压力非常大的情况下，有三种解决方法。第一种是提高主库的配置，主库执行读写功能，从库进行备份以确保数据安全；第二种方法是实现读写分离，即将写入数据的任务交给主库，查询任务交给从库，以提高数据库并发量；第三种方法是通过负载均衡将大量实时性要求不高的读请求分配到多个从库中，而将实时性要求较高的请求分配到主库上，以减轻主库的读取压力。但需要注意的是，由于主从复制是异步复制，会存在主从延迟问题。

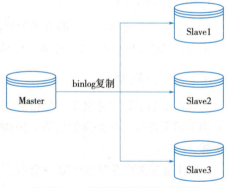

图 3.2 一主多从复制架构逻辑图

3.3.2 多级复制

一主多从复制架构可以满足大多数吞吐量较大的场景需求，但随着业务量的增大，主库发送binlog日志到从库的I/O访问频率过高，网络压力也会随着增大。而多级复制架构可以有效缓解主库额外的I/O线程压力和网络压力。

MySQL的多级复制架构逻辑图如图3.3所示。

由图3.3可知，多级复制架构与一主多从架构相比，新增了一个二级主库Master2，从此主库Master1

只需给二级主库Master2发送二进制日志,从而降低主库的压力。

多级复制架构中,主库Master1的数据信息需要经过两次复制才能到达Slave,这个过程的延迟可能比一主多从复制架构的延迟还要严重。为了解决这个问题,可以采用将二级主库Master2的数据表的引擎设置为Blackhole的方式来减少延迟。BlackHole引擎又称"黑洞"引擎,使用此引擎的表永远为空,数据并不会写入磁盘中,对数据的增加、删除、修改等操作会被记录到binlog中,从而有效地减少了复制延迟问题,示例代码如下所示。

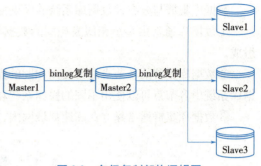

图 3.3 多级复制架构逻辑图

```
mysql> CREATE TABLE user(
    'id' int NOT NULL AUTO_INCREMENT PRIMARY KEY,
    'name' varchar(20) NOT NULL DEFAULT '',
    'age' tinyint unsigned NOT NULL DEFAULT 0
)ENGINE=BLACKHOLE charset=utf8;
Query OK, 0 rows affected (0.02 sec)
--向数据表user插入数据
mysql> INSERT INTO 'user' ('name','age') values("qianfeng", "18");
Query OK, 1 rows affected (0.02 sec)
--查看数据表user
mysql>SELECT * FROM user;
Empty set (0.00 sec)
```

由上述结果可知,表中的数据为空。设置二级主库使用BlackHole引擎后,二级主库并不负责读写等请求,只是把binlog日志发送到从库Slave中。

3.3.3 双主复制

双主复制又称主主复制,是指两个主数据库之间互为主从关系,可以相互同步。主主复制架构通常用于需要进行主从切换的场景,例如,数据库管理员进行维护操作时,避免了重复搭建从库的操作步骤。

双主复制架构逻辑图如图3.4所示。

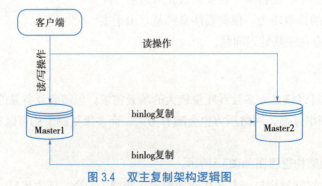

图 3.4 双主复制架构逻辑图

双主复制架构可以与主从复制架构联合同时使用。例如，在Master2库下配置从库，可以减少主库的读取压力和重建从库的额外压力，具体如图3.5所示。

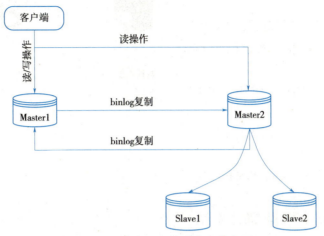

图 3.5　双主复制架构联合主从复制

3.3.4　多源复制

自MySQL 5.7版本开始，MySQL支持多源复制，可以将多个主数据库的数据集中发送到一台从数据库上，实现多主一从复制。多源复制架构至少需要包含两个主库和一个从库，常用于复杂的业务需求，不仅可以支持OLTP（联机事务处理），还能够满足OLAP（联机分析处理）的需求。

多源复制架构逻辑图如图3.6所示。

使用多源复制可以将多个服务器的数据信息备份到单个服务器，数据集中存放可以节省服务器等软硬件成本，避免资源的浪费。通过多源复制可以实现将多个库表合并、汇聚数据，以便于数据集中统计、分析和操作。

图 3.6　多源复制架构逻辑图

3.4　数据库主从复制实战

3.4.1　MySQL 主从复制原理

MySQL的主从复制是一个异步的过程，其中数据从一个MySQL数据库（Master）复制到另一个MySQL数据库（Slave）。这个过程涉及三个线程：两个线程（SQL线程和I/O线程）在Slave端，另外一个线程（I/O线程）在Master端。

要实现MySQL的主从复制，首先必须打开Master端的binlog日志记录功能，否则就无法实现。因为整个复制过程实际上就是Slave端从Master端获取binlog日志，然后在Slave上以相同的顺序执行获取的binlog日志中所记录的各种SQL操作。

要打开MySQL的binlog记录功能，可以通过在MySQL配置文件my.cnf的mysqld模块中增加log_bin参数来实现。

MySQL主从复制的工作过程如图3.7所示。

由图3.7可知，主从复制的工作过程可以总结为五步，具体如下：

①主库把数据更改（DDL、DML、DCL）事件记录到二进制日志中。

②从库向主库发起连接，并与主库建立连接。

③主库创建一个binlog dump thread线程，将二进制日志的内容发送给从库。

④从库启动后，创建I/O线程读取主库上的日志并复制到自身的中继日志（Relay Log）中。

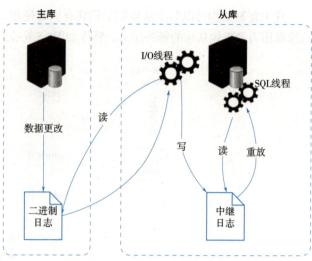

图 3.7 MySQL 主从复制的工作过程

⑤从库继续创建SQL线程读取中继日志中的内容，并存储。

3.4.2 实验环境

下面以MySQL数据库为例，展示主从复制技术的实际应用。

准备两台虚拟机（或者物理服务器），一台作为主数据库（master1），另一台作为从数据库（slave1），具体见表3.1。

表 3.1 一主一从环境准备

配置项	主服务器	从服务器
HostName	master1	slave1
IP	192.168.77.144	192.168.77.145
Server ID	144	145
版本号	MySQL 5.7	MySQL 5.7

说明：Server ID 的取值范围为 1~65 535，并且每台主机的 Server ID 不能相同，本例中以服务器 IP 地址的最后两位作为 Server ID。

在实验开始前，建议为这两台服务器配置域名解析，便于通信。域名解析可以使用修改本地hosts文件的方式，也可以使用DNS服务器解析，这里采取修改hosts文件的方式。分别在两台服务器的/etc/hosts文件中添加以下代码。

```
192.168.77.144 master1
192.168.77.145 slave1
```

域名解析配置完成后，可以使用ping命令进行检测，若检测结果正常，则说明解析成功。

修改主机名，具体命令如下所示。

```
[root@qfedu ~]# hostnamectl set-hostname master1
[root@qfedu ~]# hostnamectl set-hostname slave1
```

为了保证各服务器的时间一致，对服务器进行时间校对。

```
[root@qfedu ~]# ntpdate -u 120.25.108.11
```

3.4.3 部署 MySQL

在3.1节中简单介绍了数据库，本章及后续章节中会介绍提升数据库性能的一些方法，以缓解数据库的压力，达到网站优化的目的。本书将以目前比较成熟的MySQL数据库为例展示数据库优化方法的应用。在讲解数据库优化技术之前，首先介绍如何在Linux主机上安装并使用MySQL数据库。

在Linux主机上部署MySQL数据库有两种方式：一种是直接使用yum命令下载安装；另一种是使用源码包安装。两种方式各有优劣，详情见表3.2。

表 3.2　MySQL 两种安装方式优缺点对比

MySQL 安装方式	优　　点	缺　　点
yum 安装	可以自动处理依赖关系，无须编译，安装速度快	无法进行 MySQL 的个性化设置，不可以随意增加或删除一些组件
源码包安装	十分灵活，可以根据需求自行调整组件或其他参数	安装速度慢，且安装过程复杂极易出错，有可能会因为对应用环境把握失误、参数设置不当，而使得系统性能更差

对于初学者，推荐采用yum方式安装MySQL。

CentOS 7默认的yum仓库中没有MySQL的镜像源，需要从官方网站下载MySQL的镜像仓库文件来更新yum仓库。yum仓库更新后，才能够使用yum源下载并安装MySQL。具体操作步骤如下所示。

1. 配置 MySQL 镜像源

进入MySQL官网，如图3.8所示。

图 3.8　MySQL 官网

单击图3.8中的"DOWNLOADS"标签，进入MySQL下载页面，如图3.9所示。

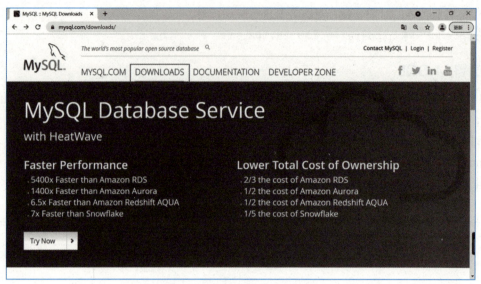

图 3.9　MySQL 官方下载页面

由图3.9可知，进入MySQL下载页之后，会看到MySQL性能简介。继续下拉该页面，可以看到MySQL社区版的下载链接，如图3.10所示。

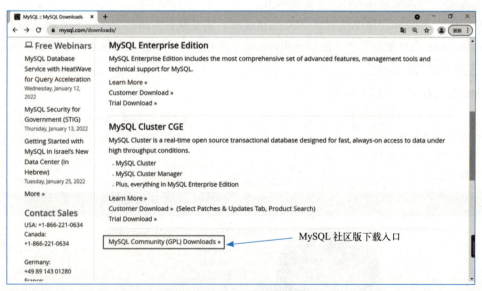

图 3.10　MySQL 社区版引导页

企业版主要作为商用，闭源收费。社区版与企业版功能高度相似，且开源免费，这里选择社区版。单击MySQL社区版下载链接，进入MySQL社区版下载页面，如图3.11所示。

单击图3.11中的"MySQL Yum Repository"超链接，进入MySQL仓库源的版本选择页面，如图3.12所示。

因为本书使用的是CentOS 7进行实验，所以在此处选择"Red Hat Enterprise Linux 7 / Oracle Linux 7 (Architecture Independent), RPM Package"进行实验。单击该版本对应的Download按钮进入确认下载页面，如图3.13所示。

第 3 章 数据库集群

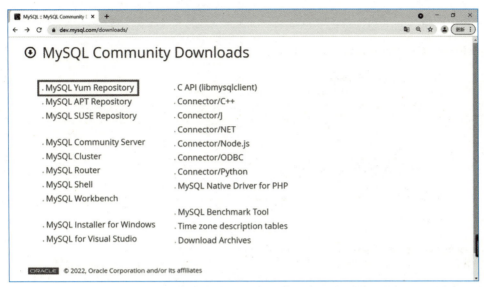

图 3.11　MySQL 社区版下载页面

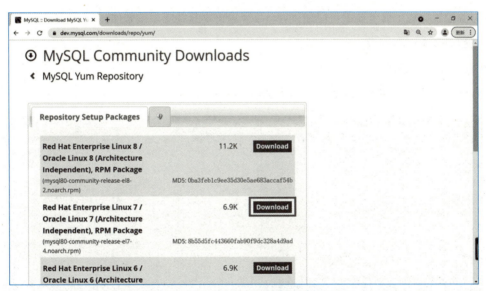

图 3.12　MySQL 仓库源的版本选择页面

右击页面下方 "No thanks, just start my download." 超链接，在弹出的快捷菜单中选择"复制链接地址"命令（见图3.13），再返回到虚拟机终端，使用wget命令下载MySQL，具体命令如下所示。

```
[root@qfedu ~]# wget https://dev.mysql.com/get/mysql80-community-release-el7-4.noarch.rpm
```

下载完成后，输入ls命令即可看到下载完成的MySQL镜像包。使用yum命令将该镜像包解析并更新至本机的镜像源中，具体命令如下所示。

```
[root@qfedu ~]# ls
mysql80-community-release-el7-4.noarch.rpm
[root@qfedu ~]# yum -y localinstall mysql80-community-release-el7-4.noarch.rpm
```

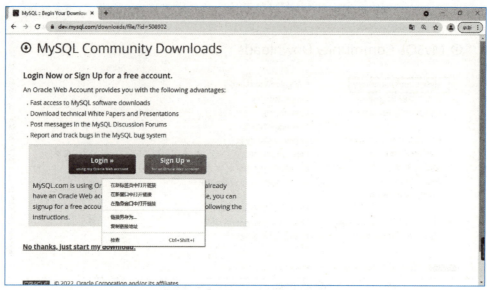

图 3.13 MySQL 确认下载页面

当官方源配置完成，服务器就可以通过yum命令进行安装并使用该软件。

2. 下载并安装 MySQL

（1）选择需要的版本

查看yum仓库中提供的MySQL版本，结果如图3.14所示。

```
[root@qfedu ~]# yum repolist all | grep mysql
mysql-cluster-7.5-community/x86_64 MySQL Cluster 7.5 Community       禁用
mysql-cluster-7.5-community-source MySQL Cluster 7.5 Community - So 禁用
mysql-cluster-7.6-community/x86_64 MySQL Cluster 7.6 Community       禁用
mysql-cluster-7.6-community-source MySQL Cluster 7.6 Community - So 禁用
mysql-cluster-8.0-community/x86_64 MySQL Cluster 8.0 Community       禁用
mysql-cluster-8.0-community-source MySQL Cluster 8.0 Community - So 禁用
mysql-connectors-community/x86_64  MySQL Connectors Community       启用:    221
mysql-connectors-community-source  MySQL Connectors Community - Sou 禁用
mysql-tools-community/x86_64       MySQL Tools Community            启用:    135
mysql-tools-community-source       MySQL Tools Community - Source   禁用
mysql-tools-preview/x86_64         MySQL Tools Preview              禁用
mysql-tools-preview-source         MySQL Tools Preview - Source     禁用
mysql57-community/x86_64           MySQL 5.7 Community Server       禁用
mysql57-community-source           MySQL 5.7 Community Server - Sou 禁用
mysql80-community/x86_64           MySQL 8.0 Community Server       启用:    301
mysql80-community-source           MySQL 8.0 Community Server - Sou 禁用
[root@qfedu ~]#
```

图 3.14 MySQL 版本查询结果

从查询结果可以看到当前默认启用的是MySQL 8.0版本。MySQL 8.0版本虽然是当前最新的，而版本越新就代表着越有可能出现未知bug，这里选择比较稳定的5.7版本。

下载yum管理工具包，具体命令如下所示。

```
[root@qfedu ~]# yum -y install yum-utils
```
使用yum-config-manager命令关闭MySQL 8.0版本，并启用MySQL 5.7版本，具体命令如下所示。
```
[root@qfedu ~]# yum-config-manager --disable mysql80-community
[root@qfedu ~]# yum-config-manager --enable mysql57-community
```
设置完成后，再次确认目前仓库中提供的MySQL版本，具体命令如下所示。
```
[root@qfedu ~]# yum repolist enabled | grep mysql
mysql-connectors-community/x86_64        MySQL Connectors Community      221
mysql-tools-community/x86_64             MySQL Tools Community           135
mysql57-community/x86_64                 MySQL 5.7 Community Server      544
```
确认无误后，进行下一步安装。

（2）安装MySQL

使用yum命令下载并安装MySQL，具体命令如下所示。
```
[root@qfedu ~]# yum -y install mysql-community-server
```
当看到如下提示时，说明安装完成。
```
已安装：
  mysql-community-libs.x86_64 0:5.7.36-1.el7
  mysql-community-libs-compat.x86_64 0:5.7.36-1.el7
  mysql-community-server.x86_64 0:5.7.36-1.el7
作为依赖被安装：
  mysql-community-client.x86_64 0:5.7.36-1.el7
  mysql-community-common.x86_64 0:5.7.36-1.el7
  mysql-community-libs.x86_64 0:5.7.36-1.el7
  net-tools.x86_64 0:2.0-0.25.20131004git.el7

完毕！
```

3. 初始化MySQL

安装完成后，启动MySQL服务并设置开机自启，具体命令如下所示。
```
[root@qfedu ~]# systemctl start mysqld
[root@qfedu ~]# systemctl enable mysqld
```
设置完成后，可以使用以下方式验证MySQL服务是否成功启动。

①输入systemctl status mysqld命令查看MySQL当前的运行状态。

②检查相关文件是否存在以及MySQL是否已经在正确的端口工作（MySQL的默认工作端口是3306）。

这里采用第二种方式查看，具体命令如下所示。
```
[root@qfedu ~]# ls /var/lib/mysql
aria_log.00000001    ca.pem            ib_logfile0      mysql.sock         public_key.pem
aria_log_control     client-cert.pem   ib_logfile1      mysql.sock.lock
server-cert.pem      auto.cnf          client-key.pem   ibtmp1             performance_schema
```

```
server-key.pem        ca-key.pem        ibdata1        mysql        private_key.pem
[root@qfedu ~]# netstat -anpt | grep mysql
tcp6       0      0 :::3306         :::*            LISTEN      73973/mysqld
```

从上面的查询结果可知MySQL配置文件正常，且该项服务已工作在正确的端口。

MySQL 5.7成功安装后，系统会随机为root用户生成一个初始密码（又称临时密码），保存在/var/log/mysqld.log中。随机生成的密码一般包含英文、数字及符号，且较为复杂。该临时密码只能用来登录数据库，若要在数据库中进行更多操作，则必须更改数据库密码。为了便于后续使用，这里将临时密码用于登录数据库，并在进入数据库后更改root用户密码为"QianFeng@123"。读者也可以自定义用户名及密码。具体操作步骤如下所示。

①查看系统为root用户随机生成的临时密码，具体命令如下所示。

```
[root@qfedu ~]# cat /var/log/mysqld.log | grep "temporary password"
2020-01-03T07:22:33.997442Z 1 [Note] A temporary password is generated for root@localhost: g8R4#F*4l,WX
```

由上述结果可知，系统为root用户随机生成的临时密码为"g8R4#F*4l,WX"。

②使用root用户及临时密码，进入数据库，具体命令如下所示。

```
[root@qfedu ~]# mysql -u root -p'g8R4#F*4l,WX'
mysql: [Warning] Using a password on the command line interface can be insecure.
Welcome to the MySQL monitor.  Commands end with ; or \g.
Your MySQL connection id is 4
Server version: 5.7.36

Copyright (c) 2000, 2021, Oracle and/or its affiliates. All rights reserved.

Oracle is a registered trademark of Oracle Corporation and/or its
affiliates. Other names may be trademarks of their respective owners.

Type 'help;' or '\h' for help. Type '\c' to clear the current input statement.

mysql>
```

出现"mysql>"提示符时，说明数据库登录成功。

③更改数据库的密码为"qianfeng@123"，具体命令如下所示。

```
mysql> ALTER USER 'root'@'localhost' IDENTIFIED BY 'qianfeng@123';
ERROR 1819 (HY000): Your password does not satisfy the current policy requirements
```

上述结果中，返回了一个错误提示，大致内容为设置的密码不符合密码安全策略。

④针对以上问题，需要在配置文件中设置密码强度，具体命令如下所示。

```
[root@qfedu ~]# vim /etc/my.cnf         #在[mysqld]下添加如下内容
[mysqld]
validate_password=off
```

重启数据库，重新登录数据库，修改密码，具体命令如下所示。

```
[root@qfedu ~]# systemctl restart mysqld
[root@qfedu ~]# mysql -u root -p'g8R4#F*4l,WX'
……此处省略部分代码……
mysql> alter user 'root'@'localhost' identified by 'qianfeng@123';
Query OK, 0 rows affected (0.11 sec)
```

⑤使用root用户及设定的新密码登录数据库，验证密码是否更改成功，具体命令如下所示。

```
[root@qfedu ~]# mysql -u root -p'QianFeng@123'
mysql: [Warning] Using a password on the command line interface can be insecure.
Welcome to the MySQL monitor.  Commands end with ; or \g.
……此处省略部分代码……
Type 'help;' or '\h' for help. Type '\c' to clear the current input statement.

mysql>
```

由上述结果可知，此时密码已经更改成功，数据库初始化已经完成。在本章后续的实验中提前安装并初始化MySQL是实验进行的一个前提，希望读者可以多加练习，灵活掌握部署MySQL的方法。

3.4.4 部署主从复制集群

本节的数据库集群案例的目标是为两台服务器安装MySQL 5.7，并部署主从复制集群。

1. 配置主服务器

在配置主从复制集群时，需要在主服务器上开启二进制日志并配置唯一的服务器ID，配置完成后需要重新启动mysqld服务。编辑主服务器的配置文件my.cnf，具体命令如下所示。

```
[root@master1 ~]# vi /etc/my.cnf
[mysqld]
#添加如下代码
log-bin=/var/log/mysql/mysql-bin
server-id=144
```

创建相关的日志目录并赋予权限，具体命令如下所示。

```
[root@master1 ~]# mkdir /var/log/mysql
[root@master1 ~]# chown mysql.mysql /var/log/mysql
```

目录创建完成后，重新启动mysqld服务，具体命令如下所示。

```
[root@master1 ~]# systemctl restart mysqld
```

此处需要注意的是，如果在配置文件中省略了Server-ID（或者将其设置为默认值0），主服务器将拒绝从服务器的所有连接。为了确保在使用带事务的InnoDB进行复制设置时提高持久性和一致性的最佳效果，还需要在主服务器（master1）的my.cnf配置文件中添加以下配置项，具体命令如下所示。

```
innodb_flush_log_at_trx_commit = 1
sync_binlog = 1
```

在上述参数中，"innodb_flush_log_at_trx_commit = 1"表示当事务提交时，系统会将日志缓冲写入磁盘，并立即执行刷新操作。参数"sync_binlog = 1"表示当事务提交时，系统会将二进制日志写入磁盘，并立即执行刷新操作。此外，为了让从服务器能够连接到主服务器，需要将skip_networking选项设置为OFF状态（默认为OFF状态）。如果该选项处于启用状态，从服务器将无法与主服务器通信，从而导致复制失败。用户可以通过查询MySQL的配置文件或者运行show variables命令查看skip_networking选项的状态，具体命令如下所示。

```
mysql> show variables like '%skip_networking%';
+-----------------+-------+
| Variable_name   | Value |
+-----------------+-------+
| skip_networking | OFF   |
+-----------------+-------+
1 row in set (0.00 sec)
```

由上述结果可知，skip_networking选项为关闭状态。

2. 创建指定用户

为了提高数据库集群的安全性，建议为主从复制创建一个专门的用户。每个从服务器需要使用MySQL主服务器上该用户的用户名和密码连接到主服务器上进行复制操作。例如，用户可以在主服务器上创建名为repl的用户，并授予该用户从任何主机连接到Master服务器进行复制的权限。这样可以有效地控制复制过程中的数据访问和安全，具体命令如下所示。

```
mysql> create user 'repl'@'%';
Query OK, 0 rows affected (0.02 sec)
mysql> grant replication slave on *.* to 'repl'@'%' identified by 'qianfeng@123';
Query OK, 0 rows affected (0.02 sec)
```

用户和权限设置完成后，可以尝试在从服务器上使用刚才创建的用户进行测试连接，具体命令如下所示。

```
[root@slave1 ~]# mysql -urepl -p'qianfeng@123' -hmaster1
……此处省略部分代码……
mysql>
```

由上述结果可知，用户repl可以通过从服务器登录主服务器。

3. 复制数据

在搭建主从复制集群时，由于主服务器上可能已经存在数据，为了模拟真实生产环境并测试复制功能，可能需要在主服务器上插入测试数据，具体命令如下所示。

```
mysql> create database test;
Query OK, 1 row affected (0.01 sec)
mysql> create table test.t1 (id int ,name varchar(50));
Query OK, 0 rows affected (0.02 sec)
mysql> insert into test.t1 values(1,"lucky"),(2,"Cookie"),(3,"Belle");
Query OK, 3 rows affected (0.01 sec)
Records: 3  Duplicates: 0  Warnings: 0
```

```
mysql> select * from test.t1;
+------+--------+
| id   | name   |
+------+--------+
|    1 | lucky  |
|    2 | Cookie |
|    3 | Belle  |
+------+--------+
3 rows in set (0.00 sec)
```

根据以上结果可知，在Master服务器成功插入了数据。在启动复制之前，需要将主服务器中已有的数据与从服务器保持同步。同时，在进行相关操作时需要确保客户端正常运行以避免锁定和不可变状态。为了达到这个目的，需要将主服务器中现有的数据导出，并将导出的数据复制到每个从服务器上。使用mysqldump命令备份所有数据库，具体命令如下所示。

```
[root@master1 ~]# mysqldump -uroot -p'qianfeng@123' --all-databases --master-data=1 > dbdump.db
mysqldump: [Warning] Using a password on the command line interface can be insecure.
```

由上述结果可知，master-data参数表示自动锁定表；如果不使用master-data参数，则需要手动锁定单独会话中的所有表。查看备份中数据记录的二进制日志的位置，以便在从服务器配置中使用，具体命令如下所示。

```
[root@master1 ~]# vim dbdump.db
 1 -- MySQL dump 10.13  Distrib 5.7.36, for Linux (x86_64)
 2 --
 3 -- Host: localhost    Database:
 4 -- -------------------------------------------------------
 5 -- Server version        5.7.36-log
 6
 7 /*!40101 SET @OLD_CHARACTER_SET_CLIENT=@@CHARACTER_SET_CLIENT */;
 8 /*!40101 SET @OLD_CHARACTER_SET_RESULTS=@@CHARACTER_SET_RESULTS */;
 9 /*!40101 SET @OLD_COLLATION_CONNECTION=@@COLLATION_CONNECTION */;
10 /*!40101 SET NAMES utf8 */;
11 /*!40103 SET @OLD_TIME_ZONE=@@TIME_ZONE */;
12 /*!40103 SET TIME_ZONE='+00:00' */;
13 /*!40014 SET @OLD_UNIQUE_CHECKS=@@UNIQUE_CHECKS, UNIQUE_CHECKS=0 */;
14 /*!40014 SET @OLD_FOREIGN_KEY_CHECKS=@@FOREIGN_KEY_CHECKS, FOREIGN_KEY_CHECKS=0 */;
15 /*!40101 SET @OLD_SQL_MODE=@@SQL_MODE, SQL_MODE='NO_AUTO_VALUE_ON_ZERO' */;
16 /*!40111 SET @OLD_SQL_NOTES=@@SQL_NOTES, SQL_NOTES=0 */;
17
18 --
19 -- Position to start replication or point-in-time recovery from
20 --
```

```
 21
 22 CHANGE MASTER TO MASTER_LOG_FILE='mysql-bin.000001', MASTER_LOG_POS=1255;
//省略部分内容//
```

在配置文件的第22行中可知,日志文件的分割点为mysql-bin.000001文件中的1255位置。接下来,使用scp命令或者rsync命令将备份数据传输到从服务器上,具体命令如下所示。

```
[root@master1 ~]# scp  dbdump.db root@slave1:/root/
The authenticity of host 'slave1 (192.168.77.145)' can't be established.
ECDSA key fingerprint is SHA256:rGvvMJlt6bXovaZhGWpUM7L1eqGYz3e4RVPD4yHSGVc.
ECDSA key fingerprint is MD5:9e:40:59:3b:b1:71:51:55:6c:6a:9c:37:80:1a:1d:2e.
Are you sure you want to continue connecting (yes/no)? yes
Warning: Permanently added 'slave1,192.168.77.145' (ECDSA) to the list of known hosts.
root@slave1's password:    #slave1服务器的登录密码
dbdump.db                                      100%  856KB   6.5MB/s   00:00
```

4. 配置从服务器

数据复制完成后,需要在从服务器的my.cnf配置文件中添加Server ID,具体命令如下所示。

```
[root@slave1 ~]# vi /etc/my.cnf
[mysqld]
server-id=145
```

配置修改完成后需要重新启动mysqld服务。

```
[root@slave1 ~]# systemctl restart mysqld
```

在从服务器的数据库中导入备份数据,具体命令如下所示。

```
mysql> source /root/dbdump.db
```

由服务器连接主服务器时,需要注意相关信息的准确性,具体命令如下所示。

```
mysql> CHANGE MASTER TO
    -> master_host='master1',
    -> master_user='repl',
    -> master_password='qianfeng@123',
    -> master_log_file='mysql-bin.000001',
    -> master_log_pos=1255;
Query OK, 0 rows affected, 2 warnings (0.01 sec)
```

上述代码中,master_host表示需要连接的主服务器名称,master_user表示连接到主服务器的用户,master_password表示连接用户的密码。配置完成后,在从服务器开始复制线程,具体命令如下所示。

```
mysql> start slave;
Query OK, 0 rows affected (0.09 sec)
```

在从服务器执行如下操作可以验证线程是否工作正常,具体命令如下所示。

```
mysql> show slave status\G
*************************** 1. row ***************************
             Slave_IO_State: Waiting for master to send event
                Master_Host: master1
```

```
                  Master_User: repl
                  Master_Port: 3306
                Connect_Retry: 60
              Master_Log_File: mysql-bin.000001
          Read_Master_Log_Pos: 1255
               Relay_Log_File: slave1-relay-bin.000003
                Relay_Log_Pos: 320
        Relay_Master_Log_File: mysql-bin.000001
             Slave_IO_Running: Yes
            Slave_SQL_Running: Yes
              Replicate_Do_DB:
          Replicate_Ignore_DB:
           Replicate_Do_Table:
       Replicate_Ignore_Table:
      Replicate_Wild_Do_Table:
  Replicate_Wild_Ignore_Table:
                   Last_Errno: 0
                   Last_Error:
                 Skip_Counter: 0
          Exec_Master_Log_Pos: 1255
              Relay_Log_Space: 528
              Until_Condition: None
               Until_Log_File:
                Until_Log_Pos: 0
           Master_SSL_Allowed: No
           Master_SSL_CA_File:
           Master_SSL_CA_Path:
              Master_SSL_Cert:
            Master_SSL_Cipher:
               Master_SSL_Key:
        Seconds_Behind_Master: 0
Master_SSL_Verify_Server_Cert: No
                Last_IO_Errno: 0
                Last_IO_Error:
               Last_SQL_Errno: 0
               Last_SQL_Error:
  Replicate_Ignore_Server_Ids:
             Master_Server_Id: 144
                  Master_UUID: dfdb039c-738c-11ec-82c0-000c29dcf9ca
             Master_Info_File: /var/lib/mysql/master.info
                    SQL_Delay: 0
          SQL_Remaining_Delay: NULL
      Slave_SQL_Running_State: Slave has read all relay log; waiting for more updates
```

```
                  Master_Retry_Count: 86400
                        Master_Bind: 
            Last_IO_Error_Timestamp: 
           Last_SQL_Error_Timestamp: 
                     Master_SSL_Crl: 
                 Master_SSL_Crlpath: 
                 Retrieved_Gtid_Set: 
                  Executed_Gtid_Set: 
                      Auto_Position: 0
               Replicate_Rewrite_DB: 
                       Channel_Name: 
                 Master_TLS_Version: 
1 row in set (0.00 sec)
```

由上述结果可知，I/O线程和SQL线程的状态都为"YES"，证明主从复制线程启动成功。

3.4.5 测试数据同步

1. 复制状态验证

主从复制线程启动后，主服务器上关于修改数据的操作都会在从服务器中回演，这样就保证了主从服务器数据的一致性。

在主服务器中插入任意数据，并在从服务器上查看数据是否存在，具体命令如下所示。

```
[root@master1 ~]# mysql -uroot -p'qianfeng@123' -e"insert into test.t1 values (4,'coco');"
mysql: [Warning] Using a password on the command line interface can be insecure.

[root@master1 ~]# mysql -uroot -p'qianfeng@123' -e"select * from test.t1;"
mysql: [Warning] Using a password on the command line interface can be insecure.
+------+--------+
| id   | name   |
+------+--------+
|  1   | lucky  |
|  2   | Cookie |
|  3   | Belle  |
|  4   | coco   |
+------+--------+
```

由上述结果可知，在主服务器上成功地插入了一条数据。接下来在从服务器上查看该数据是否存在，具体命令如下所示。

```
[root@slave1 ~]# mysql -uroot -p'qianfeng@123' -e"select * from test.t1;"
mysql: [Warning] Using a password on the command line interface can be insecure.
+------+--------+
| id   | name   |
+------+--------+
```

```
|   1  | lucky  |
|   2  | Cookie |
|   3  | Belle  |
|   4  | coco   |
+------+--------+
```

由上述结果可知，从服务器的tt表中也存在id为4的数据，这说明从服务器与主服务器中的数据同步成功。

2. 故障排除

当SQL线程或者I/O线程启动异常时，读者可以先使用"show master status\G"命令检查当前二进制日志的位置与配置slave时设置的二进制日志位置是否相同。另外，读者也可以通过my.cnf配置中指定的错误日志查看错误信息，具体命令如下所示。

```
[root@slave1 ~]# tail -10 /var/log/mysqld.log
```

3. 加入新的从服务器

随着数据量的不断增加，如果需要在集群中添加其他从服务器，则配置过程与从服务器的配置相同，唯一不同的是需要修改新添加从服务器的Server-ID编号。此外，需要注意的是，如果在添加新的从服务器之前，主服务器执行了删除数据库的操作，并且被删除的库是在第一次备份数据时存在的，那么从服务器上将会显示"没有这个数据库"的错误信息。因此，建议使用最新的备份数据来避免这种情况的发生。

3.5 数据库读写分离实战

3.5.1 数据库代理

在单一的主从数据库架构中，前端应用通过数据库的IP地址或指定端口向后端请求相应的数据。当面对多个数据库服务器时，Web请求需要在这些服务器之间进行选择，以找到保存自己所需数据的服务器。面对数据请求高峰时，这种选择不仅会带来大量的请求等待，还有可能会导致整个系统瘫痪。因此，下面通过具体案例讲解如何在数据库集群中实现高可用性以及读写分离策略。

实际上，许多企业会通过在不同地区招募代理商来加快品牌宣传速度和市场占有率。随着互联网的不断发展，人们也会通过淘宝、京东等"代理"平台来满足消费需求。在互联网领域，系统管理员在面对多主数据库集群时，也会使用代理服务器来实现数据分发和资源的合理应用。代理服务器是网络信息的中转站，是信息"交流"的使者。常见的数据库代理架构如图3.15所示。

代理服务器为用户提供统一的访问入口，当用户访问代理服务器时，代理服务器会将用户请求分发到后端的服务器集群，而代理服务器本身并不会处理任何数据。因此，代理服务器不仅实现了负载均衡的功能，同时提供了独立的端口和IP。当后端的服务器请求处理完成后，也会通过代理服务器将处理结果返回给用户，其基本的网络拓扑如图3.16所示。

前端应用只需要指定代理服务器的IP地址和端口即可访问后端数据文件，这种形式不仅提高了系统的数据处理能力，而且还保证了后端数据库的安全性，使系统更加健壮。

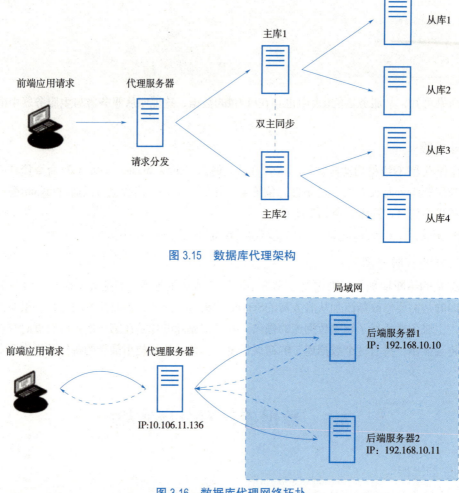

图 3.15 数据库代理架构

图 3.16 数据库代理网络拓扑

数据库代理（DB Proxy）又称数据库中间件，面对大量应用请求时，代理可以通过对数据进行分片以及自身的自动路由与聚合机制实现对不同请求的分发，以此来实现数据库的读写分离功能。

随着市场的发展和技术的更新，产生了许多不同的数据库代理服务器。在国内企业中，目前较常使用的数据库代理服务器有以下几种。

◎ MySQL Proxy：MySQL官方提供数据库中间件。
◎ Atlas：奇虎360团队在MySQL Proxy的基础上进行的二次开发。
◎ DBProxy：美团点评在Atlas的基础上进行的二次开发。
◎ Amoeba：早期阿里巴巴使用的数据库中间件。
◎ Cober：由阿里巴巴团队进行维护和开发。
◎ MyCat：由阿里巴巴团队进行维护和开发。

由于各个中间件的应用场景和使用方式不同，下面对常用的Mycat数据库中间件进行介绍和说明。

3.5.2 Mycat 读写分离原理

Mycat是一款开源的数据库代理软件，是在Cobar的基础上由阿里巴巴进行改良的。除了支持市场上主流的数据库（如MySQL、Oracle、MongoDB等），Mycat还支持数据库中的事务操作。下面通过具体案例演示Mycat中间件的配置和使用流程。

本案例将通过搭建Mycat代理，实现MySQL双主双从集群的读写分离，其架构如图3.17所示。

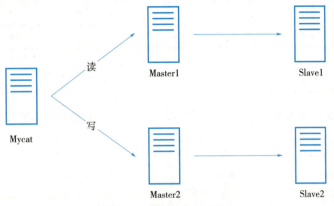

图 3.17　读写分离集群架构

3.5.3　实验环境

读写分离集群中各服务器的详细参数见表3.3。

表 3.3　读写分离配置表

主机名称	主机 IP	系　　统
Mycat	192.168.77.140	CentOS 7
Master1	192.168.77.144	CentOS 7
Slave1	192.168.77.145	CentOS 7
Master2	192.168.77.141	CentOS 7
Slave2	192.168.77.142	CentOS 7

在进行相关操作前，各服务器之间需要进行域名解析，具体命令如下所示。

```
192.168.77.140   mycat
192.168.77.144   master1
192.168.77.145   slave1
192.168.77.141   master2
192.168.77.142   slave2
```

为了保证各服务器的时间一致，需要对主从数据库服务器进行时间校对。

```
[root@qfedu ~]# ntpdate -u 120.25.108.11
```

3.5.4　部署流程

本案例将在读写分离集群的基础上部署主从复制，总共需要五台CentOS系统的虚拟机。

1. 配置 Java 环境

由于Mycat是基于Java语言编写的，所以在部署Mycat之前需要搭建Java环境。Mycat的各版本与JDK

版本对应关系，见表3.4。

表 3.4　版本对应表

Mycat	JDK
1.3~1.5	1.7
1.6	1.8
1.7	1.7
2.0	1.8

在Mycat主机上安装Java环境，通过浏览器访问Java网站并下载相应版本的JDK，如图3.18所示。

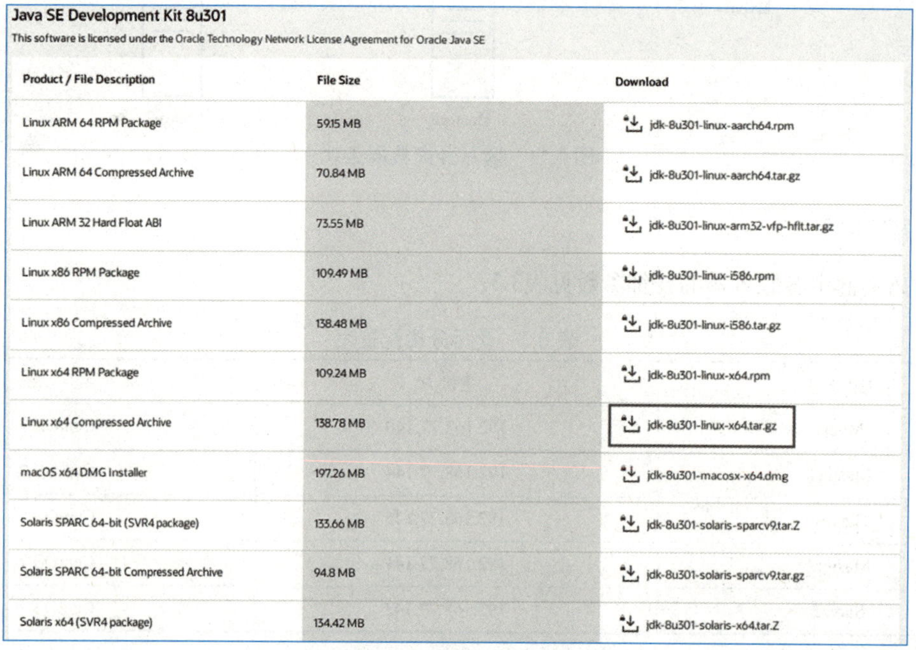

Java SE Development Kit 8u301

This software is licensed under the Oracle Technology Network License Agreement for Oracle Java SE

Product / File Description	File Size	Download
Linux ARM 64 RPM Package	59.15 MB	jdk-8u301-linux-aarch64.rpm
Linux ARM 64 Compressed Archive	70.84 MB	jdk-8u301-linux-aarch64.tar.gz
Linux ARM 32 Hard Float ABI	73.55 MB	jdk-8u301-linux-arm32-vfp-hflt.tar.gz
Linux x86 RPM Package	109.49 MB	jdk-8u301-linux-i586.rpm
Linux x86 Compressed Archive	138.48 MB	jdk-8u301-linux-i586.tar.gz
Linux x64 RPM Package	109.24 MB	jdk-8u301-linux-x64.rpm
Linux x64 Compressed Archive	138.78 MB	jdk-8u301-linux-x64.tar.gz
macOS x64 DMG Installer	197.26 MB	jdk-8u301-macosx-x64.dmg
Solaris SPARC 64-bit (SVR4 package)	133.66 MB	jdk-8u301-solaris-sparcv9.tar.Z
Solaris SPARC 64-bit Compressed Archive	94.8 MB	jdk-8u301-solaris-sparcv9.tar.gz
Solaris x64 (SVR4 package)	134.42 MB	jdk-8u301-solaris-x64.tar.Z

图 3.18　JDK 下载页面

将JDK压缩包上传至Mycat服务器中并解压，具体命令如下所示。

```
[root@mycat ~]# ls
 jdk-8u311-linux-x64.tar.gz
#JDK压缩包解压缩
[root@mycat ~]# tar xf jdk-8u311-linux-x64.tar.gz -C /usr/local/
[root@mycat ~]# ln -s /usr/localk1.8.0_311/ /usr/local/java
```

解压完成后需要在全局配置文件内追加设置Java环境变量。

```
[root@mycat ~]# vim /etc/profile
JAVA_HOME=/usr/local/java
PATH=$JAVA_HOME/bin:$PATH
export JAVA_HOME PATH
```

刷新全局变量，使环境变量生效，具体命令如下所示。

```
[root@mycat ~]# source /etc/profile
```

验证Java环境是否安装成功,具体命令如下所示。

```
[root@mycat ~]# env |grep JAVA
JAVA_HOME=/usr/local/java
[root@mycat ~]# java -version
java version "1.8.0_311"
Java(TM) SE Runtime Environment (build 1.8.0_311-b11)
Java HotSpot(TM) 64-Bit Server VM (build 25.311-b11, mixed mode)
```

如果使用java -version命令可以查询到Java的版本信息,那么证明Java环境安装成功。

2. 配置 Mycat

Java环境搭建完成后,开始部署Mycat服务。首先为Mycat创建一个专属的用户,具体命令如下所示。

```
#查看是否已经存在Mycat用户
[root@mycat ~]# cat /etc/group|grep mycat
[root@mycat ~]# cat /etc/passwd|grep mycat
#创建Mycat用户
[root@mycat ~]# groupadd mycat
[root@mycat ~]# useradd -g mycat mycat
```

Mycat用户创建完成后,可使用passwd命令修改用户密码。

在Mycat官网下载Mycat压缩包,具体如图3.19所示。

进入下载页面,复制对应版本的下载链接,具体如图3.20所示。

图 3.19 Mycat 下载页面   图 3.20 版本选择页面

在Mycat服务器中使用wget命令进行下载,下载完成后将压缩包解压至指定路径,具体命令如下所示。

```
[root@mycat ~]# wget
http://dl.mycat.org.cn/1.6.7.3/20190828135747/
Mycat-server-1.6.7.3-release-20190828135747-linux.tar.gz
```

```
[root@mycat ~]# ls
jdk-8u311-linux-x64.tar.gz
Mycat-server-1.6.7.3-release-20190828135747-linux.tar.gz
[root@mycat ~]# tar xf Mycat-server-1.6.7.3-release-20190828135747-linux.tar.gz
-C /usr/local/
[root@mycat ~]# ls /usr/local/mycat/
bin  catlet  conf  lib  logs  version.txt
```

由上述结果可知,解压后会生成一个mycat文件夹,将该文件夹的所有者设置为mycat用户,具体命令如下所示。

```
[root@mycat ~]# chown -R mycat:mycat /usr/local/mycat
```

通过编辑~/.bashrc文件,修改mycat用户的环境变量,具体命令如下所示。

```
[root@mycat ~]#vim ~/.bashrc
#添加如下代码
export MYCAT_HOME=/usr/local/mycat
export PATH=$PATH:$MYCAT_HOME/bin
```

刷新全局变量,使环境变量生效,具体命令如下所示。

```
[root@mycat ~]# source /etc/profile
```

作为代理服务器,Mycat可以通过server.xml配置文件中设定的参数来处理上游用户的请求。由于Mycat本身并不包含存储引擎,因此还需要使用schema.xml文件中的参数连接下游数据库服务器,并将相关数据存储在其中,具体如图3.21所示。

图 3.21 Mycat 配置

在server.xml配置文件中可以查看上游用户访问Mycat所需要的账户和密码,原始配置文件如下所示。

```
[root@mycat ~]# vim  /usr/local/mycat/conf/server.xml
    <!-- ROOT用户密码设置项 -->
    <user name="root" defaultAccount="true">
        <property name="password">123456</property>
        <property name="schemas">TESTDB</property>
        <!-- 表级 DML 权限设置 -->
        <!--
        <privileges check="false">
            <schema name="TESTDB" dml="0110" >
            <table name="tb01" dml="0000"></table>
            <table name="tb02" dml="1111"></table>
            </schema>
```

```xml
            </privileges>
            -->
    </user>
    <!-- 其他用户密码设置项 -->

    <user name="user">
        <property name="password">user</property>
        <property name="schemas">TESTDB</property>
        <property name="readOnly">true</property>
        <property name="defaultSchema">TESTDB</property>
    </user>
</mycat:server>
```

上述代码中，user name="root"项表示上游连接Mycat数据库的账户；property name="password"项表示连接Mycat的密码；property name="schemas"项表示后方数据库的统称。在默认情况下，上游通过root用户连接Mycat，因此可以将配置文件中的"其他用户密码设置项"使用"<!-- -->"注释掉。修改结果如图3.22所示。

```xml
<!-- 其他用户密码设置项 -->
<!--
        <user name="user">
                <property name="password">user</property>
                <property name="schemas">TESTDB</property>
                <property name="readOnly">true</property>
                <property name="defaultSchema">TESTDB</property>
        </user>
-->
</mycat:server>
```

图3.22 server.xml 文件修改 1

另外，也可以在"ROOT用户密码设置项"中修改使用root用户访问Mycat代理的密码和下游数据库群的统称。例如，将密码设置为"qianfeng@123"，修改后的代码如图3.23所示。

```xml
<!--ROOT密码设置项-->
        <user name="root" defaultAccount="true">
                <property name="password">qianfeng@123</property>
                <property name="schemas">TESTDB</property>
```

图3.23 server.xml 文件修改 2

server.xml文件修改完成后，保存退出即可。接下来，还需要通过修改schema.xml文件设置Mycat连接下游MySQL的配置，具体示例如下。

```
[root@mycat ~]# vim  /usr/local/mycat/conf/schema.xml
```

原始配置文件删除注释后主要分为以下三部分，具体如图3.24所示。

```xml
<?xml version="1.0"?>
<!DOCTYPE mycat:schema SYSTEM "schema.dtd">
<mycat:schema xmlns:mycat="http://io.mycat/">
    <schema name="TESTDB" checkSQLschema="true" sqlMaxLimit="100">
        <table name="travelrecord" dataNode="dn1,dn2,dn3" rule="auto-sharding-long" />
    </schema>
    <dataNode name="dn1" dataHost="localhost1" database="db1" />
    <dataNode name="dn2" dataHost="localhost1" database="db2" />
    <dataNode name="dn3" dataHost="localhost1" database="db3" />
    <dataHost name="localhost1" maxCon="1000" minCon="10" balance="0"
              writeType="0" dbType="mysql" dbDriver="native" switchType="1" slaveThreshold="100">
        <heartbeat>select user()</heartbeat>
        <writeHost host="hostM1" url="localhost:3306" user="root"
                   password="123456">
        </writeHost>
    </dataHost>
</mycat:schema>
```

图 3.24　schema.xml 配置文件

配置文件中，第一部分为虚拟架构配置项。其中各参数所对应的含义如下所示。

◎ schema name：虚拟数据库名。

◎ checkSQLschema：是否检查SQL框架。

◎ sqlMaxLimit：最大连接数。

◎ dataNode：数据节点名称。

第二部分为数据节点配置项，其中各参数所对应的含义如下所示。

◎ dataHost：虚拟资源池名称。

◎ database：虚拟数据库名称。

第三部分为数据主机（虚拟资源池）配置项，其中各参数对应的含义如下所示。

◎ maxCon：最大连接数。

◎ minCon：最小连接数。

◎ balance：负载均衡的方式（默认为轮询方式，即0）。

◎ writeType：写入类型。

◎ switchType：切换类型（1为自动切换；2为判断主从状态后再切换）。

◎ heartbeat：心跳监控。

◎ writeHost：写主机名称。

另外，readHost为读主机名称。为了方便读者理解，下面对balance参数、writeType参数和switchType参数的取值进行详细说明，具体见表3.5。

表 3.5　虚拟资源池配置项参数说明

配置参数	取值	说　　明
balance	0	关闭读写分离功能，所有读操作都发送到当前可用的 writeHost 上
	1	全部 readHost 与 stand by writeHost 备用写主机参与 SELECT 语句的负载均衡，简单地说，当为双主双从模式（并且 M1 与 M2 互为主备），正常情况下 M2、S1、S2 都参与 SELECT 语句的负载均衡
	2	开启读写分离，所有读操作都随机地发送到 readHost
	3	所有读请求随机地分发到 wiriterHost 对应的 readhost 执行，writerHost 不负担读压力。此处需要注意的是，balance=3 只在 1.4 及其以后版本可以使用

续上表

配置参数	取值	说明
writeType	0	所有写操作发送到配置的第一个 writeHost，当第一个服务器宕机后将切换到另外一个正常运行的 writeHost 上。当第一个服务器重新启动后，如果第二个服务器不宕机将不会再次切换，切换记录在 dnindex.properties 配置文件中
	1	所有写操作都随机地发送到配置的 writeHost
switchType	-1	不自动切换，当主服务器故障时，从服务器并不会被提升为主，仍然只提供读的功能。这样可以避免将数据写进 Slave 中
	1	为默认值，表示自动切换
	2	基于 MySQL 主从同步的状态决定是否切换，心跳语句为"show slave status"
	3	基于 MySQL galary cluster 的切换机制进行切换，心跳语句为"show status like 'wsrep%'"

总的来说，在schema.xml配置文件中的虚拟架构配置项中，需要通过dataNode参数指定数据节点配置项。在数据节点配置项中，还需要通过dataHost参数指定虚拟资源池配置项，以定义真正的后端数据库的端口号、IP以及连接数据库的用户名和密码。此外，在虚拟主机配置项中，也需要分别定义相应的连接参数。schema.xml中的配置分支如图3.25所示。

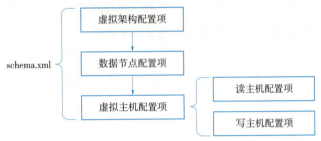

图 3.25　schema.xml 配置项分支

将schema.xml配置文件根据本实例中提供的参数进行相应修改，具体命令如下所示。

```
[root@mycat ~]# cat /usr/local/mycat/conf/schema.xml
<?xml version="1.0"?>
<!DOCTYPE mycat:schema SYSTEM "schema.dtd">
<mycat:schema xmlns:mycat="http://io.mycat/">
    <schema name="TESTDB" checkSQLschema="true" sqlMaxLimit="100" dataNode="dn1" >
    </schema>
    <dataNode name="dn1" dataHost="localhost1" database="qianfeng" />
    <dataHost name="localhost1" maxCon="1000" minCon="10" balance="0"
writeType="0" dbType="mysql" dbDriver="native" switchType="1"  slaveThreshold="100">
        <heartbeat>select user()</heartbeat>
        <writeHost host="master1" url="master1:3306" user="mycatproxy" password="QianFeng@123">
            <readHost host="slave1" url="slave1:3306" user="mycatproxy" password="QianFeng@123" />
            <readHost host="slave2" url="slave2:3306" user="mycatproxy" password="QianFeng@123" />
```

```
            </writeHost>
            <writeHost host="master2" url="master2:3306" user="mycatproxy" password=
"QianFeng@123">
                <readHost host="slave1" url="slave1:3306" user="mycatproxy" password=
"QianFeng@123" />
                <readHost host="slave2" url="slave2:3306" user="mycatproxy" password=
"QianFeng@123" />
            </writeHost>
        </dataHost>
</mycat:schema>
```

此处需要注意的是，上述代码中定义的虚拟数据库名称为qianfeng，连接下游数据库的用户名为mycatproxy，登录密码为QianFeng@123。

3. 配置 MySQL 集群

Mycat代理配置完成后，需要在后端的MySQL集群上设置mycatproxy的访问权限。例如，在Master1服务器上设置用户权限，具体命令如下所示。

```
mysql> grant all on *.* to 'mycatproxy'@'192.168.77.140' identified by 'QianFeng@123';
Query OK, 0 rows affected, 1 warning (0.00 sec)
```

此处需要注意的是，192.168.77.140为Mycat服务器的IP地址。

4. 启动 Mycat

MySQL服务器开启权限后，用户可在Mycat服务器上启动代理服务，具体命令如下所示。

```
[root@mycat ~]# /usr/local/mycat/bin/mycat start
Starting Mycat-server...
```

当执行结果出现"Starting Mycat-server"时，则表示代理服务正在启动。另外，也可以查看相应的端口检查服务器是否正常运行，具体命令如下所示。

```
[root@mycat ~]# netstat  -anpt | grep 8066
tcp6       0      0 :::8066           :::*           LISTEN      100320/java
```

由上述结果可知，Mycat服务默认的8066端口已经启用，服务正常启动。

5. 配置 Mycat 后端数据库

Mycat代理服务器启动后，并不能直接使用，因为Mycat本身并不提供数据存储功能，所以还需要将Mycat中的虚拟数据库框架与下游数据库进行绑定。在Mycat主机上安装MySQL服务，具体命令如下所示。

```
[root@mycat ~]# wget
https://dev.mysql.com/get/mysql80-community-release-el7-4.noarch.rpm
[root@mycat ~]#yum -y localinstall mysql80-community-release-el7-4.noarch.rpm
[root@mycat ~]# yum -y install yum-utils
[root@mycat ~]# yum-config-manager --disable mysql80-community
[root@mycat ~]# yum-config-manager --enable mysql57-community
[root@mycat ~]# yum repolist enabled | grep mysql
mysql-connectors-community/x86_64          MySQL Connectors Community          221
```

```
mysql-tools-community/x86_64              MySQL Tools Community            135
mysql57-community/x86_64                  MySQL 5.7 Community Server       544
[root@mycat ~]# yum -y install mysql-community-server
[root@mycat ~]# systemctl start mysqld
[root@mycat ~]# systemctl enable mysqld
[root@mycat ~]# cat /var/log/mysqld.log  | grep "temporary password"
2022-01-21T08:54:26.713978Z 1 [Note] A temporary password is generated for root@localhost: &.XrF!?y,50F
[root@mycat ~]# vim /etc/my.cnf
#添加以下内容
validate_password=off
[root@mycat ~]# mysql -u root -p'&.XrF!?y,50F'
……省略部分代码……
mysql> ALTER USER 'root'@'localhost' IDENTIFIED BY 'qianfeng@123';
ERROR 2006 (HY000): MySQL server has gone away
No connection. Trying to reconnect...
Connection id:    2
Current database: *** NONE ***
Query OK, 0 rows affected (0.00 sec)
mysql>\q
[root@mycat ~]# mysql -h 127.0.0.1 -u root -pqianfeng@123 -P 9066
……省略部分代码……
mysql> show databases;
+----------+
| DATABASE |
+----------+
| TESTDB   |
+----------+
1 row in set (0.00 sec)
```

由上述结果可知,Mycat部署成功后已经创建了虚拟数据库TESTDB,但此时的数据库中还不能插入数据,需要绑定下游数据库才可以使用。登录Master1数据库并创建与Mycat同名的数据库,具体命令如下所示。

```
[root@master1 ~]# mysql -uroot -p'qianfeng@123'
……省略部分代码……
mysql> create database TESTDB;
Query OK, 1 row affected (0.00 sec)
mysql> create table TESTDB.t1(id int);
Query OK, 0 rows affected (0.02 sec)
```

TESTDB数据库创建完成后,可在Mycat服务器上查看其中的内容,具体命令如下所示。

```
mysql> use TESTDB;
Database changed
mysql> show tables;
```

```
+-------------------+
| Tables_in_TESTDB  |
+-------------------+
| t1                |
+-------------------+
1 row in set (0.00 sec)
```

尝试在t1表中插入数据，验证Mycat数据库是否可用，具体如下所示。

```
mysql> insert into TESTDB.t1 values(3);
mysql> select * from t1;
+------+
| id   |
+------+
|  3   |
+------+
1 row in set (0.04 sec)
```

由上述结果可知，数据插入成功，Mycat数据库可用。返回到Master1服务器查看数据库是否存在，具体命令如下所示。

```
mysql> select * from TESTDB.t1;
+------+
| id   |
+------+
|  3   |
+------+
1 row in set (0.00 sec)
```

通过Master1服务器可以查询到t1表中的内容，因此可以证明Mycat虚拟数据库与后端数据库绑定成功。

小　　结

本章主要介绍了数据库集群和生产环境中经常用到的数据库架构，通过具体案例演示搭建主从复制的流程，最后讲解了实现数据库读写分离的原理，并通过具体案例演示使用Mycat中间件进行数据读写分离操作的流程。对于本章的知识点，建议读者通过实际操作进行巩固和学习。

习　　题

一、填空题

1. 早期比较受欢迎的数据库模型有三种，分别为_____、_____、_____。
2. _____模型是把复杂的数据结构归结为简单的二元关系（即二维表格形式）。

3. _____和_____都可以解决更高并发量的问题，以及实现容灾、数据备份，提高数据信息的安全性。

4. 主从复制的主要作用就是做_____，主数据库一般为准实时的_____，从数据库作为_____。

5. 多源复制结构要求至少包含两个主库和一个从库，常被用于复杂的业务需求，不但可以支撑_____，又能够满足_____。

二、选择题

1. 下列选项中，数据的完整性依赖于主库保存的（　　）。

   A. secure B. maillog
   C. binlog D. rsyslog

2. 下列选项中 I/O 线程主要用来将主服务器上的（　　）复制到本地的中继日志中。

   A. 数据 B. 日志
   C. 数据表 D. 数据库

3. 下列选项中，表示当事务提交时，系统会将日志缓冲写入磁盘的配置项为（　　）。

   A. log-bin=/var/log/mysql/mysql-bin B. server-id=144
   C. innodb_flush_log_at_trx_commit = 1 D. sync_binlog = 1

4. 下列选项中，部署主从复制集群过程中，正确的是（　　）。

   A. 开启二进制日志并配置唯一的服务器 ID
   B. 配置修改完成后需要重新启动 mysqld 的服务
   C. 通过 my.cnf 配置中指定的错误日志查看错误信息
   D. 以上都正确

5. 下列选项中，数据库代理服务器为（　　）。

   A. DBProxy B. MyCat
   C. Cober D. 以上都是

三、简答题

1. 简述数据库集群与分布式数据库系统的区别。
2. 简述主从复制架构、多级复制架构、双主复制架构、多源复制架构复制原理。

四、操作题

搭建双主复制集群。

第 4 章

NFS 存储集群

学习目标

◎ 熟悉 NFS 服务。
◎ 了解 NFS 服务的工作原理。
◎ 掌握 NFS 服务的构建方法。
◎ 掌握部署 NFS 存储集群的方法。

在企业生产集群架构中，Web集群向外提供服务。但随着业务的发展和用户数量的增加，网站的功能不断扩展和完善，导致视频、图片、附件等静态资源文件占用的硬盘空间越来越大。例如，在大众点评或微信中，"朋友圈"的用户头像、发布的图片和视频等大量文件，需要使用网络文件共享服务来解决此问题。本章讲解NFS共享存储集群相关知识。

4.1 NFS 介 绍

存储类型一般包括直连式存储（Direct Attached Storage，DAS）、网络附加存储（Network Attached Storage，NAS）和存储区域网络（Storage Area Network，SAN）三种。直连式存储是指直接连接到主机系统的存储设备，通常采用SCSI接口连接服务器主机，如磁盘阵列（Redundant Arrays of Independent Disks，RAID）、磁盘簇（Just a Bunch of Disks，JBOB）、本地硬盘等。网络附加存储是指通过网络拓扑结构添加到主机上的存储设备，常用于文档共享、图片共享、视频共享等，随着云计算的快速发展，一些NAS厂商也相继推出云存储功能。存储区域网络是指使用高速网络或子网络连接存储阵列和服务器主机，形成一个专用的存储网络，可轻松实现物理分离的存储。

NAS是基于文件级的存储方法，通过网络共享文件，多用于文件服务器存储非结构化数据，并且部署灵活、成本低。NAS支持多种协议，如NFS、CIFS、FTP、HTTP等，并能够支持各种操作系统。

其中，NFS（Network File System，网络文件系统）是UNIX操作系统之间共享文件的一种协议，其功能是通过网络让不同的服务器之间共享数据资源。NFS服务端主要为Linux操作系统的应用服务器（如Web服务器），支持多节点同时挂载以及并发写入。

NFS如今已成为一个相当稳定的网络文件系统。在一般情况下，NFS部署在局域网中，具备可移植、可扩展、高性能等优点，因此成为当前中小型互联网企业中常用的数据存储服务之一。除了使用NFS存储后端的图片等大文件外，大型企业还会采用分布式文件系统，如GFS（Google File System）、

MogileFS、Ceph等网络文件系统。

在企业级集群架构中，NFS网络文件系统通常用于存储共享的视频、图片、附件等静态资源文件，如博客的用户头像、发布的图片、视频以及网站用户上传的文件等，都会放在NFS共享中。将NFS服务端需要共享的目录挂载到NFS客户端本地系统中。当NFS客户端（如Web服务器节点）通过远程访问NFS服务端共享的目录时，就像访问本地的磁盘分区或者目录一样。

在第2章Web服务集群中，了解到当用户登录论坛网站并上传图片等文件时，这些文件数据一般会被上传到某台Web服务器的upload文件夹下，也就是本地的文件夹下。当用户下次访问该图片时，可能被调度到其他Web服务器上，从而无法访问该图片。当企业集群中没有NFS文件共享存储时，这种情况会经常发生。用户访问图片的流程如图4.1所示。

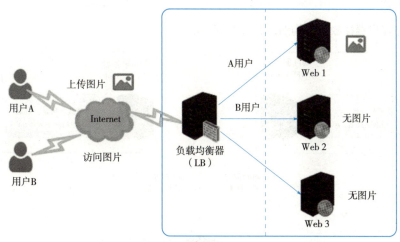

图 4.1　集群架构中没有 NFS 的逻辑图

由图4.1可知，用户A上传图片到Web1服务器后，用户B发送访问用户A图片的请求，而该请求被分发至Web2服务器上。由于Web2服务器上没有A用户上传的图片，从而导致B用户无法看到A用户上传的图片。

为了解决这个问题，可以在Web服务器集群后端搭建NFS共享存储服务器，使得用户上传图片都会存储到共享存储上。此后，所有用户访问图片请求都由共享存储服务器处理，如图4.2所示。

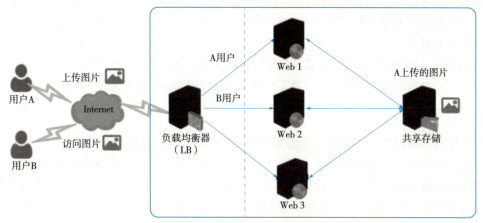

图 4.2　集群架构中有 NFS 的逻辑图

NFS共享存储的优势如下。

①部署简单、快速，且易于后期维护。

②实现了透明文件的访问以及数据传输。

③占用更少的本地磁盘空间，无须改变已有的工作环境即可实现新资源和文件的扩充。

④性能高，数据可靠性高，配置灵活，易于掌握。

4.2 NFS 原 理

4.2.1 NFS 挂载

NFS服务器与客户端挂载的结构图，如图4.3所示。

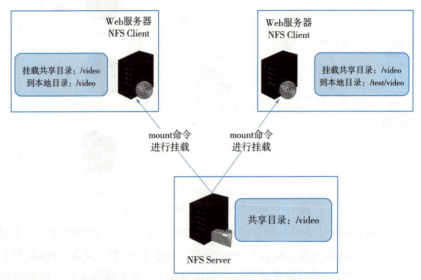

图 4.3 NFS 服务器与客户端挂载的结构图

NFS服务器端可以设置一个共享目录，如/video，对于那些被授权访问NFS服务端的客户端，它们可以将共享目录挂载到自定义的本地目录，如/video。一旦挂载完成，客户端就可以访问到NFS服务端共享目录中的所有数据。

需要注意的是，NFS服务端可以配置客户端访问的权限。例如，如果配置为只读，则客户端只能读取共享文件内容；如果配置为可读可写，则客户端就可以读取和添加共享文件的内容。

4.2.2 认识 RPC

由于NFS支持多种功能，不同的功能需要启用不同的端口，因此端口号无法固定，这可能会导致NFS服务器端无法与客户端通信的问题。解决方法是使用RPC服务记录数据传输的端口信息。NFS本身并没有提供数据传输的协议和功能，数据传输是基于RPC（Remote Procedure Call，远程过程调用）协议实现的。在NFS的工作流程中，RPC服务主要用于记录NFS各个功能对应的端口信息，并将此信息在服务端和客户端之间传输。NFS工作流程图如图4.4所示。

由图4.4可知，NFS工作流程如下所示。

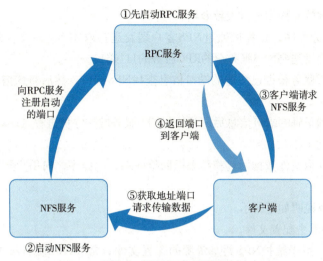

图 4.4 NFS 工作流程图

① 在启动NFS服务之前，需要先启动RPC服务。

② RPC采用C/S模式，当NFS服务开启后，会随机地开启一些端口，并主动向RPC注册这些端口的相关信息，RPC则会记录下相关端口及功能信息。

③ 这时，RPC会开启111端口等待客户端提交的请求，将NFS服务端的端口信息发送给客户端，并建立通信。

需要注意的是，若RPC重新启动，那么已经注册好的端口信息也会丢失。

4.2.3 NFS 工作原理

NFS的工作原理流程简图如图4.5所示。

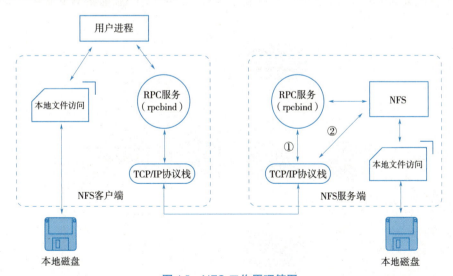

图 4.5 NFS 工作原理简图

由图4.5可知，NFS工作时，NFS服务器端会首先启动RPC服务，并开启111端口。然后启动NFS服务，并向RPC注册端口信息。然后，客户端启动RPC服务，向服务端的RPC服务请求NFS端口。服务端的RPC服务根据请求反馈NFS端口信息给客户端。

下面对NFS工作原理的流程图进行大致介绍。

①用户访问网站业务程序，该程序通过NFS客户端发送存取NFS共享文件的请求，NFS客户端的RPC服务将请求通过网络发送到NFS服务端的RPC服务的111端口。

②NFS服务端的RPC服务根据已注册的端口信息查找NFS端口，然后将该信息传递给NFS客户端的RPC服务。

③NFS客户端接收到正确的端口信息后，开始与NFS服务端的守护进程（Daemon）进行通信，以存取文件数据。

④NFS客户端成功获取文件数据后，将结果返回给前端访问程序，向用户显示读取结果，至此完成了一次存取操作。

NSF主要文件结构及说明如下所示。

①/etc/exports：NFS的主配置文件。

②/usr/sbin/exportfs：用于维护NFS共享资源的配置文件，常在NFS服务端进行配置，如重新分享/etc/exports更新的目录资源，把NFS服务端共享的目录卸载等。

③/usr/sbin/showmount：展示NFS服务端共享的资源目录。

④/var/lib/nfs/*tab：/var/lib/nfs/目录存放了NFS服务器的登录文件。其中，xtab文件是NFS的日志文件，主要记录了NFS服务器的相关客户端数据；etab文件主要记录了NFS分享出来的目录的完整权限设定值。

4.3　NFS 存储实战训练

4.3.1　NFS 存储实验准备

本节内容将在集群中的Web Server配置后端存储NFS服务。NFS存储案例中服务器部署的结构如图4.6所示。

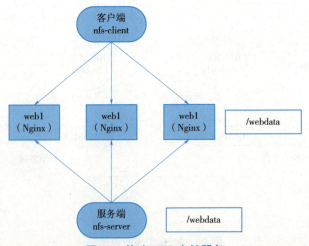

图 4.6　构建 NFS 存储服务

准备四台虚拟机（或者物理服务器），一台作为服务端（nfs-server），另外三台作为Web集群，具体见表4.1。

第 4 章 NFS 存储集群

表 4.1 NFS 部署服务器

服务器系统	IP	主机名
CentOS 7.6 x86_64	192.168.10.128	nfs-server
CentOS 7.6 x86_64	192.168.10.129	web1
CentOS 7.6 x86_64	192.168.10.130	web2
CentOS 7.6 x86_64	192.168.10.131	web3

在实验开始前,建议为这四台服务器配置域名解析,以便于通信。分别在四台服务器的/etc/hosts文件中添加以下代码。

```
192.168.10.128 nfs-server
192.168.10.129 web1
192.168.10.130 web2
192.168.10.131 web3
```

为了便于读者观察实验操作对象,这里分别将四台服务器的主机名修改为nfs-server、web1、web2、web3。

为了保证各服务器的时间一致,对所有服务器进行时间校对。

4.3.2 服务端配置

配置NFS服务器需要有两个软件,分别是rpcbind和nfs-utils,具体如下所示。

①rpcbind:RPC的主程序。

NFS本质上是一个RPC服务。在启动RPC服务之前,需要先做好端口与功能之间的映射工作,而这个工作是由rpcbind服务完成的。因此,在启动NFS服务之前,必须先启动rpcbind程序。

②nfs-utils:NFS主程序。

提供了rpc.nfsd和rpc.mountd两个NFS daemons,以及其他相关文件和说明文件,用于在不同计算机之间共享文件系统。

查看NFS软件包,具体命令如下所示。

```
[root@nfs-server ~]# rpm -qa | egrep "nfs|rpcbind"
```

如果CentOS 7是最小化安装,那么系统默认不会安装nfs和rpcbind。使用yum search命令搜索是否存在nfs-utils和rpcbind安装包,具体命令如下所示。

```
[root@nfs-server ~]# yum search nfs-utils rpcbind
```

若nfs-utils和rpcbind安装包不存在,则需要下载,具体命令如下所示。

```
[root@nfs-server ~]# yum -y install nfs-utils rpcbind
……省略部分代码……
已安装:
  nfs-utils.x86_64 1:1.3.0-0.68.el7.2
  rpcbind.x86_64 0:0.2.0-49.el7

作为依赖被安装:
  gssproxy.x86_64 0:0.7.0-30.el7_9
```

```
    keyutils.x86_64 0:1.5.8-3.el7
    libbasicobjects.x86_64 0:0.1.1-32.el7
    libcollection.x86_64 0:0.7.0-32.el7
    libevent.x86_64 0:2.0.21-4.el7
    libini_config.x86_64 0:1.3.1-32.el7
    libnfsidmap.x86_64 0:0.25-19.el7
    libpath_utils.x86_64 0:0.2.1-32.el7
    libref_array.x86_64 0:0.1.5-32.el7
    libtirpc.x86_64 0:0.2.4-0.16.el7
    libverto-libevent.x86_64 0:0.2.5-4.el7
    quota.x86_64 1:4.01-19.el7
    quota-nls.noarch 1:4.01-19.el7
    tcp_wrappers.x86_64 0:7.6-77.el7
```

完毕!

再次使用rpm命令查看NFS软件的安装情况，具体命令如下所示。

```
[root@nfs-server ~]# rpm -qa | egrep "nfs|rpcbind"
rpcbind-0.2.0-49.el7.x86_64
libnfsidmap-0.25-19.el7.x86_64
nfs-utils-1.3.0-0.68.el7.2.x86_64
```

由上述结果可知，nfs-utils和rpcbind软件安装完成。

查看rpcbind启动状态，具体命令如下所示。

```
[root@nfs-server webdata]# systemctl status rpcbind
   rpcbind.service - RPC bind service
   Loaded: loaded (/usr/lib/systemd/system/rpcbind.service; enabled; vendor preset: enabled)
   Active: inactive (dead)
```

启动rpcbind服务，具体命令如下所示。

```
[root@nfs-server webdata]# systemctl start rpcbind
[root@nfs-server webdata]# systemctl status rpcbind
   rpcbind.service - RPC bind service
   Loaded: loaded (/usr/lib/systemd/system/rpcbind.service; enabled; vendor preset:enabled)
   Active: active (running) since 二 2022-02-15 10:33:04 CST; 35s ago
   Process: 68570 ExecStart=/sbin/rpcbind -w $RPCBIND_ARGS (code=exited, status=0/SUCCESS)
  Main PID: 68571 (rpcbind)
    CGroup: /system.slice/rpcbind.service
            └─68571 /sbin/rpcbind -w

2月 15 10:33:04 nfs-server systemd[1]: Starting RPC bi...
2月 15 10:33:04 nfs-server systemd[1]: Started RPC bin...
Hint: Some lines were ellipsized, use -l to show in full.
```

设置开机自启，具体命令如下所示。

```
[root@nfs-server webdata]# systemctl enable rpcbind
```

查看111端口是否开启，具体命令如下所示。

```
#方法一
[root@nfs-server webdata]# lsof -i:111
COMMAND    PID  USER   FD   TYPE  DEVICE  SIZE/OFF  NODE  NAME
rpcbind  68571  rpc    6u   IPv4  5373487    0t0    UDP   *:sunrpc
rpcbind  68571  rpc    8u   IPv4  5373489    0t0    TCP   *:sunrpc (LISTEN)
rpcbind  68571  rpc    9u   IPv6  5373490    0t0    UDP   *:sunrpc
rpcbind  68571  rpc   11u   IPv6  5373492    0t0    TCP   *:sunrpc (LISTEN)
#方法二
[root@nfs-server webdata]# netstat -lntup | grep rpcbind
tcp    0   0 0.0.0.0:111     0.0.0.0:*      LISTEN     68571/rpcbind
tcp6   0   0 :::111          :::*           LISTEN     68571/rpcbind
udp    0   0 0.0.0.0:111     0.0.0.0:*                 68571/rpcbind
udp    0   0 0.0.0.0:906     0.0.0.0:*                 68571/rpcbind
udp6   0   0 :::111          :::*                      68571/rpcbind
udp6   0   0 :::906          :::*                      68571/rpcbind
```

查看NFS服务向rpc服务注册的端口信息，具体命令如下所示。

```
[root@nfs-server webdata]# rpcinfo -p localhost
   program vers proto   port  service
    100000    4   tcp    111  portmapper
    100000    3   tcp    111  portmapper
    100000    2   tcp    111  portmapper
    100000    4   udp    111  portmapper
    100000    3   udp    111  portmapper
    100000    2   udp    111  portmapper
```

由上述结果可知，rpcbind服务对外提供服务的主端口号是111。由于NFS服务还未启动，因此上述命令返回的结果中显示的端口映射信息较少。

启动nfs-server服务之前，查看nfs-server启动状态，具体命令如下所示。

```
[root@nfs-server webdata]# systemctl status nfs-server
   nfs-server.service - NFS server and services
   Loaded: loaded (/usr/lib/systemd/system/nfs-server.service; disabled; vendor preset: disabled)
   Active: inactive (dead)
```

启动nfs-server服务，具体命令如下所示。

```
[root@nfs-server webdata]# systemctl start nfs-server
[root@nfs-server webdata]# systemctl status nfs-server
   nfs-server.service - NFS server and services
   Loaded: loaded (/usr/lib/systemd/system/nfs-server.service; disabled; vendor preset: disabled)
```

```
     Active: active (exited) since 二 2022-02-15 11:07:37 CST; 7s ago
    Process: 99549 ExecStartPost=/bin/sh -c if systemctl -q is-active gssproxy;
then systemctl reload gssproxy ; fi (code=exited, status=0/SUCCESS)
    Process: 99521 ExecStart=/usr/sbin/rpc.nfsd $RPCNFSDARGS (code=exited,
status=0/SUCCESS)
    Process: 99520 ExecStartPre=/usr/sbin/exportfs -r (code=exited, status=0/
SUCCESS)
   Main PID: 99521 (code=exited, status=0/SUCCESS)
     CGroup: /system.slice/nfs-server.service

2月 15 11:07:37 nfs-server systemd[1]: Starting NFS se...
2月 15 11:07:37 nfs-server systemd[1]: Started NFS ser...
Hint: Some lines were ellipsized, use -l to show in full.
[root@nfs-server webdata]# systemctl enable nfs-server
Created symlink from /etc/systemd/system/multi-user.target.wants/nfs-server.
service to /usr/lib/systemd/system/nfs-server.service.
```

nfs-server启动成功后，再次查看NFS服务向RPC注册的端口信息，具体命令如下所示。

```
[root@nfs-server ~]# rpcinfo -p localhost
   program vers proto   port  service
    100000    4   tcp    111  portmapper
    100000    3   tcp    111  portmapper
    100000    2   tcp    111  portmapper
    100000    4   udp    111  portmapper
    100000    3   udp    111  portmapper
    100000    2   udp    111  portmapper
    100024    1   udp  57033  status
    100024    1   tcp  42941  status
    100005    1   udp  20048  mountd
    100005    1   tcp  20048  mountd
    100005    2   udp  20048  mountd
    100005    2   tcp  20048  mountd
    100005    3   udp  20048  mountd
    100005    3   tcp  20048  mountd
    100003    3   tcp   2049  nfs
    100003    4   tcp   2049  nfs
    100227    3   tcp   2049  nfs_acl
    100003    3   udp   2049  nfs
    100003    4   udp   2049  nfs
    100227    3   udp   2049  nfs_acl
    100021    1   udp  46639  nlockmgr
    100021    3   udp  46639  nlockmgr
    100021    4   udp  46639  nlockmgr
```

```
         100021    1    tcp   34798   nlockmgr
         100021    3    tcp   34798   nlockmgr
         100021    4    tcp   34798   nlockmgr
```

查看NFS服务相关进程,具体如下所示。

```
[root@nfs-server ~]# ps -ef | egrep "rpc|nfs"
rpc         68571     1  0 10:33 ?        00:00:00 /sbin/rpcbind -w
rpcuser     99453     1  0 11:07 ?        00:00:00 /usr/sbin/rpc.statd
                                                   #检查文件一致性
root        99471     2  0 11:07 ?        00:00:00 [rpciod]
root        99483     1  0 11:07 ?        00:00:00 /usr/sbin/rpc.idmapd
                                                   #name mapping deamon
root        99519     1  0 11:07 ?        00:00:00 /usr/sbin/rpc.mountd
                                                   #权限管理验证等(NFS mount deamon)
root        99531     2  0 11:07 ?        00:00:00 [nfsd4_callbacks]
root        99540     2  0 11:07 ?        00:00:00 [nfsd]    #NFS 主进程
root        99541     2  0 11:07 ?        00:00:00 [nfsd]
root        99542     2  0 11:07 ?        00:00:00 [nfsd]
root        99543     2  0 11:07 ?        00:00:00 [nfsd]
root        99544     2  0 11:07 ?        00:00:00 [nfsd]
root        99 545    2  0 11:07 ?        00:00:00 [nfsd]
root        99546     2  0 11:07 ?        00:00:00 [nfsd]
root        99547     2  0 11:07 ?        00:00:00 [nfsd]
root       115358 10775  0 11:25 pts/0    00:00:00 grep -E --color=auto rpc|nfs
```

对上述部分主要进程进行说明,如下所示。

①nfsd(rpc.nfsd):主要负责响应NFS客户端的请求并提供对应的服务,同时还包含ID身份判定等功能。

②mountd(rpc.mountd):主要用于管理NFS的挂载操作,包括客户端是否可获取对应权限等。

③rpc.statd:主要用于检查文件一致性,避免出现多客户端同时修改同一个文件的情况。

④rpc.idmapd:主要用于将NFS客户端的UID/GID映射为NFS服务器上对应的UID/GID,以便正确地控制文件访问权限。

NFS服务的主配置文件/etc/exports默认是空的,需要手动配置。/etc/exports文件配置格式具体如下所示。

NFS共享目录   NFS客户端地址1[权限参数]   NFS客户端地址2[权限参数]

在上述格式中,对关键词进行相应的说明,如下所示。

◎ NFS共享目录:是指NFS服务端共享的实际目录,要使用绝对路径,并且要对该目录设置适当的权限,以便客户端可以进行读写。

◎ NFS客户端地址:是指经过NFS服务端授予权限访问的共享目录的客户端地址,可以使用主机名、IP地址、网段、域名、通配符*(表示所有客户端主机)等。

权限参数见表4.2。

表 4.2 权限参数

权限参数	说明
rw	表示 Read-write 允许客户端读写
ro	表示 Read-only，只能读取共享文件
sync	表示请求或写入数据时，数据同步写入 NFS 服务端的磁盘中
async	表示请求或写入数据时，数据先存入内存缓冲区，直到硬盘有空间时再写入
all_squash	用于将客户端所有用户的 UID 和 GID 映射到匿名用户
root_squash	如果客户端用户是 root，将 root 用户的权限压缩为匿名用户
no_root_squash	如果客户端用户是 root，则对共享文件具有 root 权限
anonuid	匿名的 UID（用户 ID），表示客户端以某些权限访问服务端，在默认情况下是 nfsnobody
anongid	匿名的 GID（组 ID），表示客户端以某些权限访问服务端，在默认情况下是 nfsnobady

在配置文件中写入共享目录，具体要求如下所示。

①/webdata/share目录被共享给Web客户端，并且可读可写，不限制用户身份。

②/webdata/upload目录作为Web客户端的数据上传目录，并将所属组和所属用户设置为nfs_upload，UID和GID设置为2000。

③/webdata/nfs目录仅设置为只读，用于向Web客户端提供数据内容，具体命令如下所示。

```
[root@nfs-server ~]# vim /etc/exports
/webdata/share 192.168.10.0/24(rw,sync,no_root_squash)
/webdata/upload 192.168.10.0/24(rw,all_squash,anonuid=2000,anongid=2000)
/webdata/nfs 192.168.10.0/24(ro)
```

创建共享目录/webdata/share，具体命令如下所示。

```
[root@nfs-server ~]# mkdir -p /webdata/share
[root@nfs-server ~]# chmod 777 /webdata/share/
```

创建对应的共享目录/webdata/upload之前，需要创建对应用户的UID和GID，具体命令如下所示。

```
[root@nfs-server ~]# groupadd -g 2000 nfs_upload
[root@nfs-server ~]# useradd -g 2000 -u 2000 -M nfs_upload
#查看创建的nfs_upload用户和属组信息
[root@nfs-server ~]# cat /etc/passwd | grep nfs
rpcuser:x:29:29:RPC Service User:/var/lib/nfs:/sbin/nologin
nfsnobody:x:65534:65534:Anonymous NFS User:/var/lib/nfs:/sbin/nologin
nfs_upload:x:2000:2000::/home/nfs_upload:/bin/bash
```

创建共享目录/webdata/upload，并修改其属主为nfs_upload用户，具体命令如下所示。

```
[root@nfs-server ~]# mkdir -p /webdata/upload
[root@nfs-server ~]# chown -R nfs_upload:nfs_upload /webdata/upload/
[root@nfs-server ~]# ll -d /webdata/upload/
drwxr-xr-x 2 nfs_upload nfs_upload 6 2月  16 16:42 /webdata/upload/
```

创建共享目录/webdata/nfs，具体命令如下所示。

```
[root@nfs-server ~]# ll -d /webdata/nfs/
drwxr-xr-x 2 root root 6 2月  16 16:42 /webdata/nfs/
[root@nfs-server ~]# mkdir -p /webdata/nfs
```

NFS配置文档修改完成后，执行exportfs -rv命令即可使配置生效，具体命令如下所示。

```
[root@nfs-server ~]# exportfs -v
/webdata/share  192.168.10.0/24(sync,wdelay,hide,no_subtree_check,sec=sys,rw,
secure,no_root_squash,no_all_squash)
/webdata/upload  192.168.10.0/24(sync,wdelay,hide,no_subtree_check,anonuid=2000,
anongid=2000,sec=sys,rw,secure,root_squash,all_squash)
/webdata/nfs    192.168.10.0/24(sync,wdelay,hide,no_subtree_check,sec=sys,ro,
secure,root_squash,no_all_squash)
```

查看NFS服务器的共享目录，具体命令如下所示。

```
[root@nfs-server ~]# showmount -e localhost
Export list for localhost:
/webdata/nfs    192.168.10.0/24
/webdata/upload 192.168.10.0/24
/webdata/share  192.168.10.0/24
```

至此NFS服务端的配置完成。

4.3.3 客户端配置

查看客户端系统环境，具体命令如下所示。

```
[root@web1 ~]# cat /etc/redhat-release
CentOS Linux release 7.6.1810 (Core)
[root@web1 ~]# uname -r
3.10.0-957.el7.x86_64
[root@web1 ~]# uname -m
x86_64
```

在Web客户端安装nfs-utils和rpcbind，具体命令如下所示。

```
[root@web1 ~]# yum -y install nfs-utils rpcbind
……安装步骤省略……
已安装:
  nfs-utils.x86_64 1:1.3.0-0.68.el7.2
  rpcbind.x86_64 0:0.2.0-49.el7
作为依赖被安装:
  gssproxy.x86_64 0:0.7.0-30.el7_9
  keyutils.x86_64 0:1.5.8-3.el7
  libbasicobjects.x86_64 0:0.1.1-32.el7
  libcollection.x86_64 0:0.7.0-32.el7
  libevent.x86_64 0:2.0.21-4.el7
  libini_config.x86_64 0:1.3.1-32.el7
```

```
    libnfsidmap.x86_64 0:0.25-19.el7
    libpath_utils.x86_64 0:0.2.1-32.el7
    libref_array.x86_64 0:0.1.5-32.el7
    libtirpc.x86_64 0:0.2.4-0.16.el7
    libverto-libevent.x86_64 0:0.2.5-4.el7
    quota.x86_64 1:4.01-19.el7
    quota-nls.noarch 1:4.01-19.el7
    tcp_wrappers.x86_64 0:7.6-77.el7
```

完毕!

启动rpcbind,并设置为开机自启,具体命令如下所示。

```
#查看rpcbind启动状态
[root@web1 ~]# systemctl status rpcbind
   rpcbind.service - RPC bind service
   Loaded: loaded (/usr/lib/systemd/system/rpcbind.service; enabled; vendor preset: enabled)
   Active: inactive (dead)
#启动rpcbind服务
[root@web1 ~]# systemctl start rpcbind
#设置开机自启
[root@web1 ~]# systemctl enable rpcbind
[root@web1 ~]# systemctl status rpcbind
   rpcbind.service - RPC bind service
   Loaded: loaded (/usr/lib/systemd/system/rpcbind.service; enabled; vendor preset: enabled)
   Active: active (running) since 三 2022-02-16 17:42:20 CST; 11s ago
  Main PID: 19815 (rpcbind)
   CGroup: /system.slice/rpcbind.service
           └─19815 /sbin/rpcbind -w

2月 16 17:42:20 web1 systemd[1]: Starting RPC bind ser...
2月 16 17:42:20 web1 systemd[1]: Started RPC bind serv...
Hint: Some lines were ellipsized, use -l to show in full.
```

启动nfs服务,并设置为开机自启,具体命令如下所示。

```
#查看nfs启动状态
[root@web1 ~]# systemctl status nfs
   nfs-server.service - NFS server and services
   Loaded: loaded (/usr/lib/systemd/system/nfs-server.service; disabled; vendor preset: disabled)
   Active: inactive (dead)
#启动nfs服务
[root@web1 ~]# systemctl start nfs
```

```
#设置开机自启
[root@web1 ~]# systemctl enable nfs
Created symlink from /etc/systemd/system/multi-user.target.wants/nfs-server.service to /usr/lib/systemd/system/nfs-server.service.
[root@web1 ~]# systemctl status nfs
    nfs-server.service - NFS server and services
    Loaded: loaded (/usr/lib/systemd/system/nfs-server.service; enabled; vendor preset: disabled)
    Active: active (exited) since 三 2022-02-16 17:43:44 CST; 12s ago
  Main PID: 21221 (code=exited, status=0/SUCCESS)
    CGroup: /system.slice/nfs-server.service
2月 16 17:43:44 web1 systemd[1]: Starting NFS server a...
2月 16 17:43:44 web1 systemd[1]: Started NFS server an...
Hint: Some lines were ellipsized, use -l to show in full.
```

在Web客户端查看NFS服务端的共享目录，具体命令如下所示。

```
[root@web1 ~]# showmount -e nfs-server
Export list for nfs-server:
/webdata/nfs    192.168.10.0/24
/webdata/upload 192.168.10.0/24
/webdata/share  192.168.10.0/24
```

接下来，将NFS服务端的共享目录挂载至NFS客户端并验证挂载结果。

①将NFS服务端的/webdata/nfs挂载到客户端本地的/webtata/nfs1。

在本地创建要挂载的目录，并实现挂载，具体命令如下所示。

```
[root@web1 ~]# mkdir -p /webdata/nfs1
#挂载
[root@web1 ~]# mount -t nfs 192.168.10.128:/webdata/nfs /webdata/nfs1/
```

查看磁盘分区的使用情况，具体命令如下所示。

```
[root@web1 ~]# df -h
文件系统                         容量   已用   可用 已用% 挂载点
/dev/mapper/centos-root          17G   1.3G   16G   8%  /
devtmpfs                        475M     0  475M   0%  /dev
tmpfs                           487M     0  487M   0%  /dev/shm
tmpfs                           487M  7.7M  479M   2%  /run
tmpfs                           487M     0  487M   0%  /sys/fs/cgroup
/dev/sda1                      1014M  133M  882M  14%  /boot
tmpfs                            98M     0   98M   0%  /run/user/0
192.168.10.128:/webdata/nfs      17G   1.3G   16G   8%  /webdata/nfs1
```

由上述结果可知，此时已成功挂载nfs共享目录。接下来，创建文件，以验证nfs1目录的权限，具体命令如下所示。

```
[root@web1 ~]# touch /webdata/nfs1/test1
```

```
touch: 无法创建"/webdata/nfs1/test1": 只读文件系统
```

由上述结果可知，由于共享目录nfs的权限是只读，所以用户无法在该目录下创建文件。
②将NFS服务端的/webdata/upload挂载到客户端本地的/webdata/upload1。
在本地创建需要挂载的目录，具体命令如下所示。

```
[root@web1 ~]# mkdir -p /webdata/upload1
#挂载
[root@web1 ~]# mount -t nfs 192.168.10.128:/webdata/upload/ /webdata/upload1/
```

查看磁盘分区的使用情况，具体命令如下所示。

```
[root@web1 ~]# df -h
文件系统                        容量    已用   可用   已用%  挂载点
/dev/mapper/centos-root        17G    1.3G   16G    8%    /
devtmpfs                       475M   0      475M   0%    /dev
tmpfs                          487M   0      487M   0%    /dev/shm
tmpfs                          487M   7.7M   479M   2%    /run
tmpfs                          487M   0      487M   0%    /sys/fs/cgroup
/dev/sda1                      1014M  133M   882M   14%   /boot
tmpfs                          98M    0      98M    0%    /run/user/0
192.168.10.128:/webdata/nfs    17G    1.3G   16G    8%    /webdata/nfs1
192.168.10.128:/webdata/upload 17G    1.3G   16G    8%    /webdata/upload1
```

在Web客户端创建nfs_upload用户和属组，具体命令如下所示。

```
[root@web1 ~]# groupadd -g 2000 nfs_upload
[root@web1 ~]# useradd -g 2000 -u 2000 -m nfs_upload
```

将Web客户端的数据上传到upload目录，并验证数据是否存在，具体命令如下所示。

```
[root@web1 upload1]# pwd
/webdata/upload1
[root@web1 upload1]# ls
[root@web1 upload1]# ll
总用量 0
```

创建测试文件，具体命令如下所示。

```
[root@web1 upload1]# touch test.txt
```

创建目录测试，具体命令如下所示。

```
[root@web1 upload1]# mkdir testdir
[root@web1 upload1]# ll -a
总用量 0
drwxr-xr-x 3 nfs_upload nfs_upload 37 2月  17 10:48 .
drwxr-xr-x 4 root       root       33 2月  17 10:18 ..
drwxr-xr-x 2 nfs_upload nfs_upload  6 2月  17 10:47 testdir
-rw-r--r-- 1 nfs_upload nfs_upload  0 2月  17 10:48 test.txt
```

由上述结果可知，在upload1创建的目录及文件默认属主为nfs_upload。

为了进一步验证，在NFS服务端查看/webdata/upload共享目录，具体命令如下所示。

```
[root@nfs-server ~]# ll /webdata/upload/
总用量 0
drwxr-xr-x 2 nfs_upload nfs_upload 6 2月  17 10:47 testdir
-rw-r--r-- 1 nfs_upload nfs_upload 0 2月  17 10:48 test.txt
```

由上述结果可知，Web客户端已经将文件成功上传到NFS服务端的/webdata/upload共享目录，且默认属主为nfs_upload。

③将NFS服务端的/webdata/share挂载到客户端本地的/webdata/share1。

在本地创建需要挂载的目录，具体命令如下所示。

```
[root@web1 ~]# mkdir -p /webdata/share1
#挂载
[root@web1 ~]# mount -t nfs 192.168.10.128:/webdata/share /webdata/share1/
```

查看磁盘分区的使用情况，具体命令如下所示。

```
[root@web1 ~]# df -h
文件系统                          容量    已用   可用   已用%  挂载点
/dev/mapper/centos-root           17G    1.3G   16G    8%    /
devtmpfs                          475M   0      475M   0%    /dev
tmpfs                             487M   0      487M   0%    /dev/shm
tmpfs                             487M   7.7M   479M   2%    /run
tmpfs                             487M   0      487M   0%    /sys/fs/cgroup
/dev/sda1                         1014M  133M   882M   14%   /boot
tmpfs                             98M    0      98M    0%    /run/user/0
192.168.10.128:/webdata/nfs       17G    1.3G   16G    8%    /webdata/nfs1
192.168.10.128:/webdata/upload    17G    1.3G   16G    8%    /webdata/upload1
192.168.10.128:/webdata/share     17G    1.3G   16G    8%    /webdata/share1
```

在NFS服务端的/webdata/share目录下添加测试文件test.jpg，具体命令如下所示。

```
[root@nfs-server share]# pwd
/webdata/share
[root@nfs-server share]# ls
test.jpg
[root@nfs-server share]# chmod 777 test.jpg
```

在Web客户端，查看/webdata/share1中的文件，并将其重命名为a.jpg，具体命令如下所示。

```
[root@web1 ~]# ll /webdata/share1/
总用量 172
-rwxrwxrwx 1 root root 175132 2月  15 10:00 test.jpg
#重命名
[root@web1 ~]# mv /webdata/share1/test.jpg /webdata/share1/a.jpg
[root@web1 ~]# ll /webdata/share1/
总用量 172
-rwxrwxrwx 1 root root 175132 2月  15 10:00 a.jpg
```

由上述结果可知,此时用户已经拥有对share目录中文件的读写权限。

4.3.4 前端测试

在Web客户端创建一个网页文件,模拟用户点击网页链接读取NFS共享存储文件的场景。

在Web客户端安装Nginx,具体命令如下所示。

```
[root@web1 ~]# yum -y install nginx
[root@web1 ~]# systemctl start nginx
```

使用浏览器访问web1的IP地址,验证Nginx是否成功启动,具体如图4.7所示。

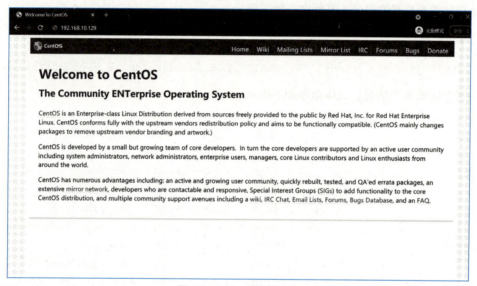

图 4.7 Nginx 测试页面

修改配置文件中的server模块,将默认网页设置为/webdata挂载目录,具体命令如下所示。

```
[root@web1 ~]# vim /etc/nginx/nginx.conf
……省略部分代码……
    server {
        listen       80;
        listen       [::]:80;
        server_name  _;
        root         /webdata;
        # Load configuration files for the default server block.
        include /etc/nginx/default.d/*.conf;
        error_page 404 /404.html;
        location = /404.html {
        }
        error_page 500 502 503 504 /50x.html;
        location = /50x.html {
        }
    }
```

重启Nginx，使配置文件生效，具体命令如下所示。

```
[root@web2 ~]# systemctl restart nginx
```

创建一个页面文件，用于实现共享文件的访问，具体命令如下所示。

```
[root@web1 webdata]# vim /webdata/index.html
<head>
    <meta charset="utf-8">
    <title>风景图</title>
</head>
<body>
    <a href="share1/a.html">林间小路</a>
    <a href="share1/b.html">晚霞</a>
    <a href="share1/c.html">海边</a>
</body>
[root@web1 webdata]# vim /webdata/share1/a.html
<img src="a.jpg">
```

使用浏览器访问web1的IP，具体如图4.8所示。

图4.8 web1网站首页

单击"林间小路"链接，具体如图4.9所示。

图4.9 访问页面

由图4.9可知，客户端可正常访问共享文件。此处需要注意的是，该页面中展示的图片，实际上是来自NFS服务端/webdata/share中图片文件的映射。

4.4 NFS 共享数据实时推送备份案例

为了保证数据存储的高可用性,需要对数据进行同步备份,防止数据存储节点出现单点故障。例如,在第3章中学习过的MySQL主从复制就是一种同步备份机制,将主服务器的数据同步到从节点上。在网络中,实现文件的同步备份需要将NFS作为Web服务器的共享存储,以保证文件数据的安全性。

4.4.1 环境准备

rsync(remote synchronization)是一款功能强大的远程复制工具,它开源、快速且跨平台。通过利用rsync服务结合监控服务Inotify机制(inotify-tools、sersync、lrsyncd),可以实现实时的数据备份,即根据存储服务器上目录的变化,把变化的数据通过inotify或sersync结合rsync命令实时同步到备份服务器。另外,也可以通过drbd方案以及双写方案实现双机数据同步。

本节的案例要求使用rsync守护进程部署rsync服务于NFS服务器,并通过rsync将本地数据传输到备份服务器backup上,并使用notify-tools插件实现数据的实时推送备份。

NFS数据备份案例中服务器部署的结构如图4.10所示。

准备一台虚拟机(或者物理服务器)作为备份服务器(backup),继续使用nfs-server存储服务器作为rsync客户端,具体见表4.3。

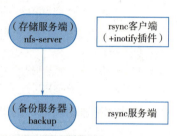

图 4.10 备份服务器结构

表 4.3 NFS 部署服务器

服务器系统	IP	主机名
CentOS 7.6 x86_64	192.168.10.128	nfs-server
CentOS 7.6 x86_64	192.168.10.132	backup

分别两台服务器的/etc/hosts文件中配置域名解析。

```
192.168.10.128 nfs-server
192.168.10.132 backup
```

域名解析配置完成后,可以使用ping命令进行检测,若返回结果正常,则说明解析成功。

为了保证各服务器的时间一致,对备份服务器进行时间校对。

```
[root@qfedu ~]# ntpdate -u 120.25.108.11
```

4.4.2 部署 rsync 服务端

查看备份主机是否安装了rsync工具,具体命令如下所示。

```
[root@backup ~]# rpm -qa | grep "rsync"
```

如果没有,则需要安装rsync服务,具体命令如下所示。

```
[root@backup ~]# yum -y install rsync
……部分步骤已省略……
已安装:
  rsync.x86_64 0:3.1.2-10.el7
完毕!
```

```
[root@backup ~]# rpm -qa | grep "rsync"
rsync-3.1.2-10.el7.x86_64
```

修改/etc/rsyncd.conf配置文件，添加nfsbackup模块，模块名可根据NFS服务端的备份目录自定义，具体命令如下所示。

```
[root@backup ~]# vim /etc/rsyncd.conf
# /etc/rsyncd: configuration file for rsync daemon mode
# See rsyncd.conf man page for more options.
# configuration example:
uid = rsync                              #用户
gid = rsync                              #用户组
use chroot = no                          #程序安全设置
max connections = 200                    #客户端连接数
pid file = /var/run/rsyncd.pid           #进程号文件位置
log file = /var/log/rsync.log            #日志文件位置
timeout = 300                            #超时时间
# exclude = lost+found/
# transfer logging = yes
# ignore nonreadable = yes
# dont compress   = *.gz *.tgz *.zip *.z *.Z *.rpm *.deb *.bz2
# [ftp]
#       path = /home/ftp
#       comment = ftp export area
ignore errors                            #忽略错误
read only = false                        #只读false，即可读可写
list = false                             #阻止远程列表
hosts allow = 192.168.10.128/24          #允许IP
hosts deny = 0.0.0.0/32                  #禁止IP，如果IP有冲突，可注释掉该句
auth users = rsync_backup
               #虚拟用户，用来在客户端和服务端传输数据，非系统内真正的虚拟用户
secrets file = /etc/rsync.password  #用于存放虚拟用户的用户名和密码
fake super = yes                    #不需要daemon以root运行，就可以存储文件的完整属性
######
[multi_module_1]
path = /multi_module_1/
#
[nfsbackup]
path = /nfsbackup/
#
### rsync_config____end ##
```

创建rsync属主和属组，具体命令如下所示。

```
[root@backup ~]# useradd -M -s /sbin/nologin rsync
[root@backup ~]# tail -1 /etc/passwd
```

```
rsync:x:1000:1000::/home/rsync:/sbin/nologin
[root@backup ~]# id rsync
uid=1000(rsync) gid=1000(rsync) 组=1000(rsync)
```

根据对配置文件新模块的描述，创建相应目录，具体命令如下所示。

```
[root@backup ~]# mkdir -p /nfsbackup
```

设置目录的属主和属组，使得rsync客户端通过用户连接时对/nfsbackup/目录获得相关权限，具体命令如下所示。

```
[root@backup ~]# chown -R rsync.rsync /nfsbackup/
[root@backup ~]# ll -d /nfsbackup/
drwxr-xr-x 2 rsync rsync 6 2月  18 17:24 /nfsbackup/
```

查看rsync服务的启动状态，具体命令如下所示。

```
[root@backup ~]# systemctl status rsyncd
   rsyncd.service - fast remote file copy program daemon
   Loaded: loaded (/usr/lib/systemd/system/rsyncd.service; disabled; vendor preset: disabled)
   Active: inactive (dead)
```

启动rsync服务，并且设置开机自启，具体命令如下所示。

```
[root@backup ~]# systemctl start rsyncd
[root@backup ~]# systemctl enable rsyncd
[root@backup ~]# systemctl status rsyncd
   rsyncd.service - fast remote file copy program daemon
   Loaded: loaded (/usr/lib/systemd/system/rsyncd.service; disabled; vendor preset: disabled)
   Active: active (running) since 五 2022-02-18 17:18:00 CST; 2s ago
 Main PID: 118026 (rsync)
   CGroup: /system.slice/rsyncd.service
           └─118026 /usr/bin/rsync --daemon --no-detach...

2月 18 17:18:00 backup systemd[1]: Started fast remote...
2月 18 17:18:00 backup rsyncd[118026]: params.c:Parame...
2月 18 17:18:00 backup rsyncd[118026]: rsyncd version ...
Hint: Some lines were ellipsized, use -l to show in full.
```

rsync的默认端口是873，查看该端口是否开启，具体命令如下所示。

```
[root@backup ~]# lsof -i tcp:873
COMMAND    PID USER   FD   TYPE DEVICE SIZE/OFF NODE NAME
rsync   118026 root    3u  IPv4 616113      0t0  TCP *:rsync (LISTEN)
rsync   118026 root    5u  IPv6 616114      0t0  TCP *:rsync (LISTEN)
```

将虚拟用户及密码写入密码配置文件，具体命令如下所示。

```
[root@backup ~]# echo "rsync_backup:123456" > /etc/rsync.password
[root@backup ~]# ll /etc/rsync.password
-rw-r--r-- 1 root root 20 2月  21 15:23 /etc/rsync.password
```

为了提高密码安全性，需要修改密码文件的权限，具体命令如下所示。

```
[root@backup ~]# chmod 600 /etc/rsync.password
[root@backup ~]# ll /etc/rsync.password
-rw------- 1 root root 20 2月  21 15:23 /etc/rsync.password
```

4.4.3 部署 rsync 客户端

1. 实现 rsync 数据推送

查看备份主机是否安装了rsync工具，具体命令如下所示。

```
[root@nfs-server ~]# rpm -qa | grep "rsync"
```

如果没有，则需要安装rsync服务，具体命令如下所示。

```
[root@nfs-server ~]# yum -y install rsync
……部分步骤已省略……
已安装:
  rsync.x86_64 0:3.1.2-10.el7
完毕!
[root@nfs-server ~]# rpm -qa | grep "rsync"
rsync-3.1.2-10.el7.x86_64
```

添加虚拟用户的密码文件，具体命令如下所示。

```
[root@nfs-server ~]# echo "123456" > /etc/rsync.password
```

更改密码文件的权限，以提高数据安全性，具体命令如下所示。

```
[root@nfs-server ~]# chmod 600 /etc/rsync.password
[root@nfs-server ~]# ll -d /etc/rsync.password
-rw------- 1 root root 7 2月  21 15:58 /etc/rsync.password
```

rsync同步有两种方式：push推送和pull拉取。push推送是将本地文件同步到指定主机目录，pull拉取则是将指定主机目录下的文件同步到本地。

本节案例使用push命令推送文件，以验证rsync工具能否实现传输文件的功能。在rsync客户端创建测试目录/nfsbackup以及测试文件，具体命令如下所示。

```
[root@nfs-server ~]# mkdir /nfsbackup
[root@nfs-server ~]# touch /nfsbackup/{1,2,3}_file
[root@nfs-server ~]# ls /nfsbackup/
1_file  2_file  3_file
```

在备份服务器backup中的/nfsbackup目录下创建测试文件，代表已有的数据，具体命令如下所示。

```
[root@backup ~]# touch /nfsbackup/{a,b,c}_test
[root@backup ~]# ls /nfsbackup/
a_test  b_test  c_test
```

在rsync客户端nfs-server中将客户端指定的目录内容推送到rsync服务端指定目录下，具体命令如下所示。

```
[root@nfs-server ~]# rsync -avH --port=873 --progress --delete /nfsbackup/
```

```
rsync_backup@192.168.10.132::nfsbackup/ --password-file=/etc/rsync.password
  sending incremental file list
  deleting c_test
  deleting b_test
  deleting a_test
  ./
  1_file
               0 100%    0.00kB/s    0:00:00 (xfr#1, to-chk=2/4)
  2_file
               0 100%    0.00kB/s    0:00:00 (xfr#2, to-chk=1/4)
  3_file
               0 100%    0.00kB/s    0:00:00 (xfr#3, to-chk=0/4)

  sent 227 bytes  received 114 bytes  227.33 bytes/sec
  total size is 0  speedup is 0.00
```

由上述结果可知，此命令在同步客户端nfsbackup目录时，会将服务端/nfsbackup目录中原有的文件删除。这是因为使用了--delete参数，该参数表示无差异同步，使得rsync服务端（备份服务器backup）以本地源文件为基准，将有差异的文件删除。因此需谨慎使用--delete参数。上述命令组成说明如下所示。

◎ -a：归档模式，表示以归档方式传输文件，并保持所有文件属性。

◎ -v：详细输出模式。

◎ -H：保留硬链接文件。

◎ -z：将文件在传输时进行压缩处理。

◎ --port=873：连接固定端口。

◎ /nfsbackup/：本机的源文件路径。

◎ rsync_backup：rsync服务端的虚拟用户。

◎ 192.168.10.132：目标服务器（备份主机）的IP地址。

◎ backup：rsync服务器端的配置文件rsyncd.conf中的[backup]模块名。

◎ --password-file：用于指定密码文件位置，可以免去交互输入密码的过程。

查看rsync服务端的/nfsbackup目录，具体命令如下所示。

```
[root@backup ~]# ls /nfsbackup/
a_test  b_test  c_test
```

由上述结果可知，push推送数据测试完成。

2. 安装 Inotify 插件——rsync 客户端

为了实现数据的实时同步，可以结合inotify机制使用rsync+inotify插件解决。使用inotify可以监控文件系统事件，当文件系统上的某个文件或目录发生变化时，inotify会触发相应的事件，如文件创建、删除、修改等。通过将rsync命令嵌入inotify脚本中，可以实现文件系统变化时自动触发rsync同步操作，从而实现数据的实时同步和备份。

首先查看当前系统是否支持inotify，具体命令如下所示。

```
[root@nfs-server ~]# uname -r
```

```
3.10.0-957.el7.x86_64
[root@nfs-server ~]# ls -l /proc/sys/fs/inotify/
总用量 0
-rw-r--r-- 1 root root 0 2月  18 17:48 max_queued_events-
-rw-r--r-- 1 root root 0 2月  18 17:48 max_user_instances
-rw-r--r-- 1 root root 0 2月  18 17:48 max_user_watches
```

在执行结果中，如果出现了上述三个文件，则表示当前系统支持inotify。

接下来，查看是否安装了inotify软件，如果没有，则安装inotify软件，具体命令如下所示。

```
[root@nfs-server ~]# rpm -qa inotify-tools
[root@nfs-server ~]# yum -y install inotify-tools
……部分步骤已省略……
已安装:
  inotify-tools.x86_64 0:3.14-9.el7
完毕!
[root@nfs-server ~]# rpm -qa inotify-tools
inotify-tools-3.14-9.el7.x86_64
```

inotify软件包含两个工具：inotifywait和inotifywatch。

①inotifywait：可以在被监控的文件或目录上等待特定文件系统事件（如open、close、delete等）的发生，并将事件输出到标准输出，适合在Shell脚本中使用。

②inotifywatch：可以收集被监视文件系统的使用度统计数据，包括文件系统事件发生的次数统计。

接下来，开启两个nfs-server窗口用于测试inotify插件的监控功能是否正常。

（1）窗口1

使用inotifywait命令监控/nfsbackup目录的创建文件，具体命令如下所示。

```
[root@nfs-server ~]# inotifywait -mrq --timefmt '%y/%m/%d %H:%M' --format '%T %w%f' -e create /nfsbackup
```

inotifywait命令的组成说明如下。

◎ -mrq：-m实时监听；-r递归监控整个目录，包括子目录；-q只输出简短信息。

◎ --timefmt：指定输出的时间格式。

◎ --format：指定输出的格式。

◎ -e create：指定监控的事件类型，监控创建create事件。

（2）窗口2

在/nfsbsckup目录中创建文件，以触发inotify的监控功能，具体命令如下所示。

```
[root@nfs-server ~]# cd /nfsbackup/
#查看已有文件
[root@nfs-server nfsbackup]# ls
1_file  2_file  3_file
#创建测试文件1和2
[root@nfs-server nfsbackup]# touch inotifywait_create_event_1
[root@nfs-server nfsbackup]# touch inotifywait_create_event_2
```

```
[root@nfs-server nfsbackup]# ls
1_file  inotifywait_create_event_1
2_file  inotifywait_create_event_2
3_file
```

(3）回到窗口1

查看监控是否可用，具体命令如下所示。

```
[root@nfs-server ~]# inotifywait -mrq --timefmt '%y/%m/%d %H:%M' --format '%T %w%f' -e create /nfsbackup
22/02/22 18:04 /nfsbackup/inotifywait_create_event_1
22/02/22 18:04 /nfsbackup/inotifywait_create_event_2
```

由上述结果可知，inotify插件的监控功能正常。

将rsync和inotify实现的功能写入脚本中，具体命令如下所示。

```
[root@nfs-server ~]# cat rsync_test_1.sh
#!/bin/bash
srcdir=/nfsbackup
inotifywait -rq --timefmt '%d/%m/%y-%H:%M' --format '%T %w%f' -e modify,create,attrib ${srcdir} \
| while read file
do
    echo "${file} is notified!"
    rsync -aH --port=873 --progress --delete /nfsbackup/ rsync_backup@192.168.10.132::nfsbackup/ --password-file=/etc/rsync.password
done
```

开启两个nfs-server主机窗口用于测试实时同步数据备份，然后在备份服务器中查看数据是否推送备份成功。

在nfs-server主机窗口1中执行上述脚本，具体命令如下所示。

```
[root@nfs-server ~]# bash rsync_test_1.sh
```

在nfs-server主机窗口2中，在需要备份的目录下创建新的测试文件，具体命令如下所示。

```
#已有文件
[root@nfs-server nfsbackup]# ls
1_file  inotifywait_create_event_1
2_file  inotifywait_create_event_2
3_file
#创建新的测试文件
[root@nfs-server nfsbackup]# touch {a,b,c}_test
[root@nfs-server nfsbackup]# ls
1_file  3_file  b_test  inotifywait_create_event_1
2_file  a_test  c_test  inotifywait_create_event_2
```

返回窗口1观察数据传输结果，具体命令如下所示。

```
[root@nfs-server ~]# bash rsync_test_1.sh
```

```
23/02/22-09:56 /nfsbackup/a_test is notified!
sending incremental file list
./
a_test
              0 100%    0.00kB/s    0:00:00 (xfr#1, to-chk=4/9)
b_test
              0 100%    0.00kB/s    0:00:00 (xfr#2, to-chk=3/9)
c_test
              0 100%    0.00kB/s    0:00:00 (xfr#3, to-chk=2/9)
inotifywait_create_event_1
              0 100%    0.00kB/s    0:00:00 (xfr#4, to-chk=1/9)
inotifywait_create_event_2
              0 100%    0.00kB/s    0:00:00 (xfr#5, to-chk=0/9)
```

由上述结果可知，数据已经传输到了备份服务器。为了进一步验证数据传输的完整性，需要查看备份机的备份目录，具体命令如下所示。

```
[root@backup ~]# ls /nfsbackup/
1_file  3_file  b_test  inotifywait_create_event_1
2_file  a_test  c_test  inotifywait_create_event_2
```

由上述结果可知，数据已被完整备份。

小　　结

本章主要讲解了使用NFS做后端存储的文件存储技术及其应用。首先介绍了NFS的基本概念和工作原理，接着通过具体的案例演示了NFS服务的部署和存储数据的方法，最后讲解了如何使用rsync和inotify插件实现NFS共享数据的实时推送备份。言之易，行之难，建议读者通过实际操作巩固和学习。

习　　题

一、填空题

1. 存储类型一般分为三种类型，即_____、_____和_____。
2. 网络附加存储是指通过_____添加到主机上的存储设备，常用于文档共享、图片共享、视频共享等。
3. NAS是_____的存储方法，多适用于文件服务器存储_____的数据，支持多节点以及_____。
4. NFS的主配置文件是_____。
5. 配置NFS服务器需要有两个软件，分别是_____和_____。

二、选择题

1. 下列选项中，大型企业在使用NFS之外，还会采用分布式文件系统，作为网络文件系统存储后端图片等大文件，如（　　）。

  A．GFS   B．Ceph   C．MogileFS   D．以上都是

2. 下列选项中，NFS 本身并没有提供数据传输的协议和功能，数据传输基于（　　）协议实现。
   A. HTTP   B. FTP
   C. RPC   D. TCP
3. 下列选项中，rpcbind 服务对外提供服务的主端口是（　　）。
   A. 873   B. 22
   C. 111   D. 100
4. 下列选项中，一般修改 NFS 配置文档后，可使修改的 /etc/exports 生效的命令为（　　）。
   A. systemctl restart nfs   B. exportfs -rv
   C. exportfs -a   D. A 和 B
5. 下列选项中，用于将客户端所有用户的 UID 和 GID 映射到匿名用户的权限参数是（　　）。
   A. sync   B. async
   C. all_squash   D. root_squashDBProxy

三、简答题

1. 简述 NFS 共享存储的优缺点。
2. 简述 NFS 的工作原理流程。

四、操作题

搭建两台 Web 服务集群，为 Web 服务集群搭建一台后台 NFS 存储服务器，并为 NFS 服务器部署备份服务器。

第 5 章　Keepalived 高可用集群方案

学习目标

◎ 了解高可用集群的自动侦测。
◎ 理解高可用集群的工作原理。
◎ 熟悉 Keepalived 单主模式方式。
◎ 掌握 Keepalived 实现双主模式高可用的过程。

随着用户的访问量增加，单台服务器可能无法承载大量流量，此时可以通过组建服务器集群分担负载。利用负载均衡技术将流量分发到不同的服务器上，可以提高系统的可用性和稳定性。当业务量进一步增长时，可以通过增加服务器来扩容系统，而不会影响已有业务的正常运行，也不会降低服务质量。在集群中，当单台服务器发生故障时，负载均衡设备会自动将后续业务转向其他服务器，从而保证业务的连续性和稳定性。本章将详细讲解一个轻量级高可用集群解决方案Keepalived的相关知识。

5.1　高可用集群简介

5.1.1　高可用集群的实现原理

高可用集群最大限度地保证了用户服务7×24小时可用，当集群中的某个节点或服务器发生故障时，另一个节点或服务器将在几秒内自动接替它，继续对外提供服务。对于用户而言，这一过程不会造成太大的损失，且业务不会因服务问题受到影响，这一切对于用户而言是不可知的。

高可用集群软件的主要作用是实现故障检查和业务切换的自动化，能够自动将资源和服务进行切换，在单个节点发生故障时，保证服务一直在线。

5.1.2　高可用集群的三个阶段

自动侦测（Auto-Detect）阶段是主机上的软件通过冗余侦测线，经过复杂的监听程序和逻辑判断相互侦测对方。常用的方法是集群中的各节点通过心跳信息判断节点是否出现故障。当集群中两个节点之间的"心跳线"断开时，整个高可用系统会被分裂成两个独立的个体。由于双方失去了联系，双方都以为对方出现了故障，就会争抢资源，导致共享资源被瓜分、应用启动失败或者两边应用同时运行，共同读取数据，造成数据损坏，这种情况称为"脑裂"。

脑裂的原因有多种，例如，心跳线不可用、网卡及相关驱动故障、高可用服务器开启了防火墙或者心跳网卡地址等信息配置不正确等。下面介绍解决脑裂的几种常见方案。

1. 添加冗余的心跳线

设置两条心跳线，其中一条失效时，另一条可以继续工作，从而尽量减少脑裂的发生。

2. 启用磁盘锁

正在服务的一方使用磁盘锁，将共享磁盘锁住，产生脑裂时使另一台服务器无法抢走资源。但这种方案存在一个小问题，即如果一方不主动解除磁盘锁，对方永远都抢不走共享磁盘，如果一方真的发生故障，对方无法接管资源并替代它运行服务。

3. 设置仲裁机制

设置一个参考IP，当心跳线发生断裂时，双方通过ping命令测试该参考IP，如果ping不通，则说明断点出现在本端。

4. 脑裂的监控报警

可以使用邮件或者短信进行监控报警，当出现脑裂时，强制关闭一个心跳点。

自动切换阶段是指当某一服务器确认对方出现故障时，该服务器替代故障服务器继续之前的任务。简而言之，当A主机意识到集群中的B主机出现故障时，能够依照容错备援模式接替B主机进行工作，并且客户感知到这个变化，这个阶段称为自动切换阶段，又称故障转移（FailOver）阶段。

自动恢复（FailBack）是指在故障转移后，通过手动维护后，将服务或网络资源恢复为已修好的主机。

5.1.3 高可用集群的工作模式

1. Active/Passive（主备模式）

一台运行业务的服务器作为主节点，另一台相同环境的待机服务器作为备用节点，当主节点发生故障时，数据会转移到备节点，这时备节点就成为处理请求的主节点。但这种模式下，大部分时间下备节点是待机状态，会造成一定的资源浪费。

2. Active/Active（双主模式）

在这种模式下，两台服务器同时运行，但运行的是两个不同的业务，互为备用节点。这种模式可以使用相对均衡的主机配置，且不会造成资源浪费。

3. $N+1$ 模式

在这种模式下，N个服务器运行N个业务，只有一台服务器作为备用节点。备用节点必须能够代替任何主节点，当一个主节点故障时，备节点能够及时替代故障节点运行相应的服务。

4. $N+M$ 模式

在这种模式下，N台服务器作为主节点，M台服务器作为备用节点。一个备用节点可能无法具备足够的冗余能力，但多个备用节点又会消耗大量资源，所以备用节点的数量M是成本和可靠性要求之间的平衡。

5. N-to-1 模式

这种模式与$N+1$模式相同，同样是N个主节点，一个备用节点，不同之处在于备用节点只能暂时成为主节点。当故障节点修复后，它将继续工作，备用节点将数据转交给主节点并停止运行服务。

5.2 Keepalived 简介

Keepalived是一款用于集群管理高可用的服务软件，主要用于防止单点故障。它可以自动侦测服务器状态、移除故障服务器、切换到正常运行的服务器并将修复的服务器添加到集群中。类似的软件有HeartBeat、RoseHA，它们也可以实现服务和网络的高可用。

HeartBeat是一款功能完善的专业高可用软件，具备心跳检测、资源接管和监测集群的系统服务等基本功能，但部署和使用较为麻烦。相比之下，Keepalived通过虚拟路由冗余实现高可用性，只需要一个配置文件就可以完成所有配置，部署和使用方法较为简单。

5.2.1 Keepalived 工作原理

Keepalived是基于VRRP（Virtual Router Redundancy Protocol，虚拟路由冗余协议）实现的高可用服务软件。VRRP协议用于实现路由器高可用，将N台提供相同功能的服务器组成一个服务器组，其中有一个Master和多个Backup。Master节点上提供服务的VIP（虚拟IP地址）作为默认路由，Backup节点处于准备状态。在VRRP竞选过程中，Master节点的优先级高于Backup节点，Master优先获取所有资源，当Master节点发生故障时，Backup节点会接管Master节点的资源，并对外提供服务。采用VRRP实现的Keepalived会不断地向Backup节点发送心跳信息，告诉Backup节点自己在正常工作。当Master节点发生故障时，Backup节点无法继续收到Master节点的心跳，于是调用自身的接管程序，接管Master节点的IP资源及服务。当Master节点恢复时，Backup节点则会释放Master节点故障时自身接管的IP资源及服务，继续恢复到原来的备用角色。相较于其他HA软件，Keepalived通过简单的配置文件即可实现虚拟路由冗余，易于部署和使用。

5.2.2 Keepalived 主要功能

Keepalived的核心功能包括故障切换和健康检查。故障切换主要是指配置主备模式的服务，利用VRRP维持主备服务的心跳，当主服务器故障时，由备用节点继续提供服务，从而解决静态路由的单点故障问题。此功能是本章要介绍的重点内容。健康检测功能则采用TCP三次握手、ICMP请求、HTTP请求、UDP echo请求等方式对负载均衡器后端的服务器进行保活，通常用于监测负载均衡器后端承载真实业务的服务器是否可用，1.4节已经讲解过此功能。

5.2.3 Keepalived 模块与配置文件

Keepalived结构简单，扩展性强，是一个高度模块化的软件，其主要有三个模块，分别是CORE、CHECK和VRRP。

①CORE：CORE模块为Keepalived的核心，负责主进程的启动、维护以及全局配置文件的加载和解析。

②CHECK：CHECK是Keepalived中的一个模块，负责对后端服务器的健康状态进行检查，常见的检查方式包括TCP连接检查、HTTP请求检查、SMTP请求检查、MySQL请求检查、LDAP请求检查、IMAP请求检查以及外部脚本检查等。其中，TCP连接检查是最基本的一种检查方式，通过建立TCP连接来检测后端服务器是否正常运行；HTTP请求检查是通过向后端服务器发送HTTP请求并检查响应状态码来判断后端服务器的健康状态；SMTP请求检查则是通过向后端服务器发送SMTP请求来检查邮件服务器的健康状态等。通过检查后端服务器的健康状态，Keepalived可以将不健康的服务器从负载均衡器

的服务器池中移除,从而避免将请求发送到不健康的服务器上。

③VRRP:VRRP模块用于实现VRRP协议。

高可用软件Keepalived只有一个配置文件,即/etc/keepalived/keepalived.conf。

总的来说,Keepalived主要有三类区域配置,注意不是三种配置文件,是一个配置文件里面三种不同类别的配置区域,如下所示。

1. 全局配置(Global Configuration)

全局配置又包括两个子配置,如下所示。

①全局定义(global definition):global_defs全局配置标识,表示这个区域是全局配置。

②静态路由配置(static ipaddress/routes):一般这个区域不需要配置,用于给服务器配置真实IP地址和路由,在复杂的环境下可以直接用vi命令配置。

2. VRRPD 配置

VRRPD配置包括三个类,如下所示。

①vrrp_script:定义一个资源监控脚本,根据需要执行特定的状态监测任务。

②vrrp_sync_group:定义VRRP实例需要同步的资源组,如同步IP地址、路由、虚拟MAC地址等。

③vrrp_instance:定义VRRP实例的详细配置,包括实例名称、虚拟IP地址、虚拟MAC地址、优先级、监视脚本、同步组等。

3. LVS 配置

这里的LVS配置是针对Keepalived+LVS集成的特定配置。需要注意的是,这里LVS配置并不是指安装LVS,并使用IPVSADM工具来配置LVS,而是在Keepalived的配置文件中配置LVS,便于后期维护。

LVS主要包括以下两个配置,如下所示。

(1)虚拟主机组配置

虚拟主机组配置是可选的,可以根据实际需求来配置。其主要作用是允许一台后端服务器上的某个服务属于多个虚拟服务器,且只需要进行一次健康检查即可。这样可以有效减少服务器的负载,提高服务的性能和可靠性。示例代码如下所示。

```
virtual_server_group <STRING> { # VIP port <IPADDR> <PORT> <IPADDR> <PORT>
fwmark <INT> }
```

(2)虚拟主机配置

virtual server可以通过以下三种方法进行配置。

◎ virtual server IP port:使用虚拟服务器IP和端口号进行配置。

◎ virtual server fwmark int:使用虚拟服务器的FWMark和整数值进行配置。

◎ virtual server group strin:使用虚拟服务器的组名进行配置。

5.3 Keepalived 高可用服务——单主模式实例

5.3.1 Keepalived 单主架构

本节案例结合第2章Nginx负载均衡Web服务集群的环境搭建Keepalived高可用Web集群采用单主模

式，即一台Keepalived主服务器和多台Keepalived备服务器共用一个虚拟IP（VIP）提供服务，也可称为主备模式。Keepalived单主模式集群架构图如图5.1所示。

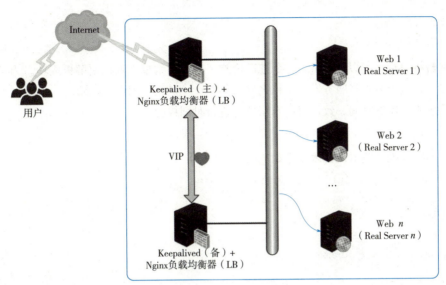

图 5.1　Keepalived 单主模式集群架构图

Keepalived单主模式下的工作流程如下所示。

①Keepalived主机之间是通过VRRP通信的，VRRP通过竞选机制设置主备。

②在正常情况下，主节点的优先级大于备节点，主节点获得所有资源。因此，用户通过虚拟IP访问Keepalived主服务器（主节点），然后向后端服务器发送请求。

③主节点每秒向所有备节点发送VRRP广播包，以告知自己是主节点，正在正常工作。

④当主节点因故障无法工作时，会导致无法发送广播包。备节点会在规定的时间内认定主节点故障，然后通过选举机制产生新的主节点来提供正常的服务。

在图5.1中，若主节点故障，虚拟IP（VIP）会自动切换到备节点，用户的请求也会发送到备节点上，无须临时启动对应的Keepalived服务，因为在此之前它已经处于开启状态。因此，实现了高可用功能。

5.3.2　环境准备

在第2章已经详细讲解了Nginx做负载均衡的Web服务集群，因此本次案例直接使用当时的系统环境。为了部署Nginx负载均衡的高可用案例，需要准备四台虚拟机（或者物理服务器），其中一台作为Keepalived主节点（lb01），一台作为Keepalived备节点（lb02），另外两台作为后端服务器（web1和web2），具体见表5.1。

表 5.1　Keepalived 集群服务器构成

IP	主机名	服务
192.168.11.10	lb01	Keepalived 主节点 +Nginx 负载均衡
192.168.11.12	lb02	Keepalived 备节点 +Nginx 负载均衡
192.168.11.13	web1	Web 服务
192.168.11.14	web2	Web 服务

分别在4台服务器的/etc/hosts文件中配置域名解析。

```
192.168.11.10 lb01
192.168.11.12 lb02
192.168.11.13 web1
192.168.11.14 web2
```

做完域名解析之后，可以使用ping命令进行检测，若返回结果，则说明解析成功。为了便于读者观察实验操作对象，这里分别将服务器的主机名修改为lb01、lb02、web1、web2。

为了保证各服务器的时间一致，对所有服务器进行时间校对。

```
[root@localhost ~]# ntpdate -u 120.25.108.11
```

查看操作系统及内核版本，具体命令如下所示。

```
[root@localhost ~]# cat /etc/redhat-release
centos Linux release 7.6.1810 (Core)
[root@localhost ~]# uname -r
3.10.0-957.el7.x86_64
[root@localhost ~]# uname -m
x86_64
```

5.3.3 Keepalived 主节点配置

查看本机是否安装Keepalived软件，具体命令如下所示。

```
[root@lb01 ~]# rpm -qa keepalived
```

安装Keepalived软件，具体命令如下所示。

```
[root@lb01 ~]# yum -y install keepalived
……省略安装步骤……
已安装:
  keepalived.x86_64 0:1.3.5-19.el7
作为依赖被安装:
  lm_sensors-libs.x86_64 0:3.4.0-8.20160601gitf9185e5.el7
  net-snmp-agent-libs.x86_64 1:5.7.2-49.el7_9.1
  net-snmp-libs.x86_64 1:5.7.2-49.el7_9.1
作为依赖被升级:
  ipset.x86_64 0:7.1-1.el7  ipset-libs.x86_64 0:7.1-1.el7
完毕!
```

查看已安装的Keepalived软件，具体命令如下所示。

```
[root@lb01 ~]# rpm -qa keepalived
keepalived-1.3.5-19.el7.x86_64
```

与其他软件相似，Keepalived配置文件的位置为/etc/keepalived/keepalived.conf。

Keepalived配置文件为keepalived.conf，主要有三个配置区域，分别是全局配置（global configuration）、VRRPD配置、LVS配置。其中，全局配置又包括两个子配置：全局定义（global definition）静态IP地址和路由配置（static ipaddress/routes）。在Keepalived配置文件中进行修改，修改后的文件如下所示。

```
 1  ! Configuration File for keepalived
 2
 3  global_defs {
 4      notification_email {
 5          1261318-@qq.com
 6      }
 8      smtp_server 127.0.0.1
 9      smtp_connect_timeout 30
10      router_id lb01                          #设备在组中的标识，设置不一样即可
11  }
12
13  vrrp_instance VI_1 {                        #VI_1。两台路由器的实例名相同，注意区分
14      state MASTER                            #主或者从状态
15      interface ens33                         #监控网卡
16      virtual_router_id 51                    #定义虚拟路由标识VRID，主备相同
17      priority 100                            #优先级
18      advert_int 1                            #心跳间隔
19      authentication {                        #密钥认证（1~8位），主备保持一致
20          auth_type PASS
21          auth_pass 1111
22      }
23      virtual_ipaddress {                     #虚拟IP，即VIP
24          192.168.11.20/24
25      }
26  }
```

下面对上述示例代码中的重要参数进行详解，如下所示。

◎ ! Configuration File for keepalived：Keepalived配置文件必须以"!"符号开头。

◎ notification_email：用于设置服务故障报警的邮件地址。

◎ router_id：表示该设备在集群中的标识，必须与其他服务器不同。

◎ vrrp_instance VI_1：表示VRRP协议中的实例（虚拟路由），其中VI_1表示实例名，允许用户自定义。

◎ state：表示服务器状态，通常设置为MASTER或BACKUP。

◎ interface：用于指定检测的网卡，通常服务器为eth0，虚拟机则以"ens"开头。

◎ mcast_src_ip：表示该服务器的IP地址。

◎ virtual_router_id：表示虚拟路由的编号，主从必须一致。

◎ priority：表示优先级（权重），通常Master服务器的权重高于Backup服务器，自定义范围在0~254之间。

◎ advert_int：表示Master服务器与Backup服务器之间进行健康检查的时间间隔。

◎ authentication：表示验证信息，保持主从同步，否则无法匹配。

◎ auth_type：表示验证类型，PASS表示密码验证。

◎ auth_pass：表示验证所使用的密码。

◎ virtual_ipaddress：表示VIP地址池。

Keepalived配置完成后，启动Keepalived服务，并设置为开机自启，具体命令如下所示。

```
[root@lb01 ~]# systemctl start keepalived
[root@lb01 ~]# systemctl enable keepalived
Created symlink from /etc/systemd/system/multi-user.target.wants/keepalived.service to /usr/lib/systemd/system/keepalived.service.
[root@lb01 ~]# systemctl status keepalived
   keepalived.service - LVS and VRRP High Availability Monitor
   Loaded: loaded (/usr/lib/systemd/system/keepalived.service; disabled; vendor preset: disabled)
   Active: active (running) since 三 2022-03-02 13:52:45 CST; 5s ago
  Process: 71951 ExecStart=/usr/sbin/keepalived $KEEPALIVED_OPTIONS (code=exited, status=0/SUCCESS)
 Main PID: 71973 (keepalived)
   CGroup: /system.slice/keepalived.service
           ├─71973 /usr/sbin/keepalived -D
           ├─71974 /usr/sbin/keepalived -D
           └─71975 /usr/sbin/keepalived -D

3月 02 13:52:45 lb01 Keepalived_healthcheckers[71974]: ...
3月 02 13:52:46 lb01 Keepalived_vrrp[71975]: VRRP_Inst...
3月 02 13:52:47 lb01 Keepalived_vrrp[71975]: VRRP_Inst...
3月 02 13:52:47 lb01 Keepalived_vrrp[71975]: VRRP_Inst...
3月 02 13:52:47 lb01 Keepalived_vrrp[71975]: Sending g...
3月 02 13:52:47 lb01 Keepalived_vrrp[71975]: VRRP_Inst...
3月 02 13:52:47 lb01 Keepalived_vrrp[71975]: Sending g...
3月 02 13:52:47 lb01 Keepalived_vrrp[71975]: Sending g...
3月 02 13:52:47 lb01 Keepalived_vrrp[71975]: Sending g...
3月 02 13:52:47 lb01 Keepalived_vrrp[71975]: Sending g...
Hint: Some lines were ellipsized, use -l to show in full.
```

检查虚拟IP是否存在，具体命令如下所示

```
[root@lb01 ~]# ip a | grep "192.168.11.20"
    inet 192.168.11.20/24 scope global secondary ens33
```

由上述结果可知，Keepalived服务单主实例配置完成。

5.3.4　Keepalived 备节点配置

查看本机是否安装Keepalived软件，具体命令如下所示。

```
[root@lb02 ~]# rpm -qa keepalived
```

如果没有，则需要安装Keepalived软件，具体命令如下所示。

```
[root@lb02 ~]# yum -y install keepalived
……省略安装步骤……
```

已安装：
  keepalived.x86_64 0:1.3.5-19.el7
作为依赖被安装：
  lm_sensors-libs.x86_64 0:3.4.0-8.20160601gitf9185e5.el7
  net-snmp-agent-libs.x86_64 1:5.7.2-49.el7_9.1
  net-snmp-libs.x86_64 1:5.7.2-49.el7_9.1
作为依赖被升级：
  ipset.x86_64 0:7.1-1.el7   ipset-libs.x86_64 0:7.1-1.el7
完毕！

查看已安装的Keepalived软件版本，具体命令如下所示
```
[root@lb02 ~]# rpm -qa keepalived
keepalived-1.3.5-19.el7.x86_64
```

修改Keepalived备节点（lb02）的配置文件，具体命令如下所示。
```
[root@lb02 ~]# vim /etc/keepalived/keepalived.conf
 1 ! Configuration File for keepalived
 2
 3 global_defs {
 4     notification_email {
 5         1261318-@qq.com
 6     }
 8     smtp_server 127.0.0.1
 9     smtp_connect_timeout 30
10     router_id lb02
11 }
12
13 vrrp_instance VI_1 {
14     state BACKUP
15     interface ens33
16     virtual_router_id 51
17     priority 90
18     advert_int 1
19     authentication {
20         auth_type PASS
21         auth_pass 1111
22     }
23     virtual_ipaddress {
24         192.168.11.20/24
25     }
26 }
```

由上述结果可知，route_id为lb02，state为BACKUP，且优先级priority为90，低于主节点。

启动Keepalived服务，并设置为开机自启，具体命令如下所示。

```
[root@lb02 ~]# systemctl start keepalived
[root@lb02 ~]# systemctl enable keepalived
Created symlink from /etc/systemd/system/multi-user.target.wants/keepalived.service to /usr/lib/systemd/system/keepalived.service.
```

检查虚拟IP是否存在，具体命令如下所示。

```
[root@lb02 ~]# ip a | grep "192.168.11.20"
```

上述结果并没有返回虚拟IP，这是由于一个VIP不能同时出现在两台服务器上。此时主节点运行正常并且正在接管VIP，所以备节点不显示VIP。

在主节点存活的状态下，备节点若也显示VIP的地址，则可能出现"脑裂"现象。发生脑裂的原因包括以下几点。

①高可用服务器之间的心跳信息传输故障，如网卡损坏、IP冲突等。

②iptables防火墙阻挡了IP或VRRP协议传输心跳消息。

③配置文件中的参数错误，如virtual_router_id参数不一致等。

为了测试备节点是否能正常接管VIP，需要停止运行主节点服务器或者关闭主节点的Keepalived服务，模拟主节点故障的场景，具体命令如下所示。

```
[root@lb01 ~]# systemctl stop keepalived
```

关闭主节点的Keepalived服务后，查看备节点的虚拟IP，具体命令如下所示。

```
[root@lb02 ~]# ip a | grep "192.168.11.20"
    inet 192.168.11.20/24 scope global secondary ens33
```

由上述结果可知，备节点成功接管了VIP。接着启动主节点的Keepalived服务，验证主节点能否恢复VIP的接管，具体命令如下所示。

```
[root@lb01 ~]# systemctl restart keepalived
[root@lb01 ~]# ip a | grep "192.168.11.20"
    inet 192.168.11.20/24 scope global secondary ens33
```

由上述结果可知，单主模式下Keepalived成功实现IP的自动切换。

5.3.5 在主备节点上配置 Nginx 负载均衡

分别在lb01和lb02上部署Nginx负载均衡器，安装Nginx软件，具体命令如下所示。

```
[root@lb01 ~]# yum -y install nginx
……省略安装步骤……
已安装:
  nginx.x86_64 1:1.20.1-9.el7
作为依赖被安装:
  centos-indexhtml.noarch 0:7-9.el7.centos
  gperftools-libs.x86_64 0:2.6.1-1.el7
  nginx-filesystem.noarch 1:1.20.1-9.el7
  openssl11-libs.x86_64 1:1.1.1k-2.el7
完毕!
```

修改lb01和lb02的Nginx配置文件/etc/nginx/nginx.conf，添加相关服务器组，具体命令如下所示。

```
[root@lb1 ~]# vim /etc/nginx/nginx.conf
user nginx;
worker_processes auto;
    worker_connections 1024;
}
http {
    access_log      /var/log/nginx/access.log  main;
    sendfile                on;
    tcp_nopush              on;
    tcp_nodelay             on;
    keepalive_timeout       65;
    types_hash_max_size     4096;
    include                 /etc/nginx/mime.types;
    default_type            application/octet-stream;
    include /etc/nginx/conf.d/*.conf;
    server {
        listen              80;
        listen              [::]:80;
        server_name         192.168.11.20;
        root                /usr/share/nginx/html;
        include             /etc/nginx/default.d/*.conf;
        error_page          404 /404.html;
        location = /404.html {
        }
        location = /50x.html {
        }
        #引用服务器组
        location / {
            proxy_pass    http://html;
            proxy_set_header Host $host;
            proxy_set_header X-Real-IP $remote_addr;
            proxy_set_header REMOTE-HOST $remote_addr;
        }
    }
    #配置服务器组
    upstream  html {
        server web1:80 weight=5;
        server web2:80 weight=5;
    }
}
```

配置完成后启动Nginx，并设置为开机自启，具体命令如下所示。

```
[root@master ~]# systemctl start nginx
[root@master ~]# systemctl enable nginx
Created symlink from /etc/systemd/system/multi-user.target.wants/nginx.service to /usr/lib/systemd/system/nginx.service.
```

此时，lb01和lb02服务器的Nginx负载均衡配置完成。

查看Web节点端口是否开启，以保证Web页面的正常访问，具体命令如下所示。

```
[root@web1 ~]# lsof -i:80
COMMAND    PID   USER   FD   TYPE DEVICE SIZE/OFF NODE NAME
nginx     6816   root   6u   IPv4  37381      0t0  TCP *:http (LISTEN)
nginx     6816   root   7u   IPv6  37382      0t0  TCP *:http (LISTEN)
nginx     6817  nginx   6u   IPv4  37381      0t0  TCP *:http (LISTEN)
nginx     6817  nginx   7u   IPv6  37382      0t0  TCP *:http (LISTEN)
[root@web2 html]# lsof -i:80
COMMAND    PID   USER   FD   TYPE DEVICE SIZE/OFF NODE NAME
nginx     6843   root   6u   IPv4  37706      0t0  TCP *:http (LISTEN)
nginx     6843   root   7u   IPv6  37707      0t0  TCP *:http (LISTEN)
nginx     6844  nginx   6u   IPv4  37706      0t0  TCP *:http (LISTEN)
nginx     6844  nginx   7u   IPv6  37707      0t0  TCP *:http (LISTEN)
```

为Web服务器创建测试页面，具体命令如下所示。

```
#切换web1端，创建Web页面
[root@web1 ~]# cat /usr/share/nginx/html/index.html
loading......web1
#切换web2端，创建Web页面
[root@web2 ~]# cat /usr/share/nginx/html/index.html
loading......web2
```

5.3.6　Nginx+Keepalived 高可用集群单主模式测试

在本地客户端浏览器访问VIP，可以按【Ctrl+F5】组合键强制刷新页面，会出现如下两种页面，如图5.2所示。

图 5.2　访问 VIP 返回结果

由图5.2可知，在Keepalived主节点运行正常的情况下，能顺利访问到后端服务器。接下来，将关闭Keepalived主节点或停止Keepalived主节点的Keepalived服务，模拟主节点宕机，具体命令如下所示。

```
[root@lb01 ~]# systemctl stop keepalived
[root@lb01 ~]# ip a | grep "192.168.11.20"
```

重新访问VIP，具体如图5.3所示。

图 5.3 访问 VIP 返回结果

由图5.3可知，客户端仍可正常访问Web服务集群，这是因为备节点接管了VIP资源，具体命令如下所示。

```
[root@lb02 ~]# ip a | grep "192.168.11.20"
    inet 192.168.11.20/24 scope global seco
```

5.4 Keepalived 高可用服务——双主模式实例

5.4.1 Keepalived 双主架构

在传统的Keepalived主备模式下，备节点的机器基本上属于空闲状态，浪费了硬件资源。为了更好地利用硬件资源和提高系统的可用性，可以将Keepalived设置为双主模式，即两台Keepalived服务器互为主备，同时使用两个虚拟IP（VIP）提供服务。这样，在一个节点故障时，另一个节点可以立即接管服务，从而实现无缝切换和高可用性。同时，为了进一步提高可用性，也可以在每个节点上配置多个Keepalived实例，使系统更加健壮。Keepalived双主模式集群架构图如图5.4所示。

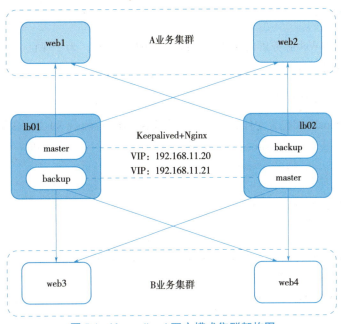

图 5.4 Keepalived 双主模式集群架构图

使用Keepalived双主模式可以实现多实例多业务双向主备模式，使得两台Keepalived服务器都能够充分利用硬件资源，提高系统的可用性和性能。例如，在lb01节点上配置A业务为主节点，在lb02节点上配置A业务为备节点；在lb02节点上配置B业务为主节点，在lb01节点上配置B业务为备节点。在企业中，使用Keepalived双主模式是比较常用的集群方案之一。

5.4.2 环境准备

在5.3节已经详细讲解了Keepalived高可用集群的单主方案，此处可继续使用当时的系统环境。web1和web2运行A业务，再添加两台Web服务器运行B业务，具体见表5.2。

表 5.2 Keepalived 集群服务器构成

IP	主机名	服 务
192.168.11.10	lb01	Keepalived 主节点 +Nginx 负载均衡
192.168.11.12	lb02	Keepalived 备节点 +Nginx 负载均衡
192.168.11.13	web1	Web 服务（模拟运行 A 业务）
192.168.11.14	web2	Web 服务（模拟运行 A 业务）
192.168.11.15	web3	Web 服务（模拟运行 B 业务）
192.168.11.16	web4	Web 服务（模拟运行 B 业务）

分别在lb01和lb02服务器的/etc/hosts文件中配置域名解析。

```
192.168.11.15 web3
192.168.11.16 web4
```

再分别在web3和web4服务器的/etc/hosts文件中添加以下代码。

```
192.168.11.10 lb01
192.168.11.12 lb02
```

这里分别将新添加的Web服务器的主机名修改为web3、web4。为了保证各服务器的时间一致，需要对所有服务器进行时间校对。

5.4.3 Keepalived 节点配置

修改lb01节点的Keepalived配置文件，再添加一个实例vrrp_instance VI_2，具体命令如下所示。

```
[root@lb01 ~]# vi /etc/keepalived/keepalived.conf
! Configuration File for keepalived
global_defs {
    notification_email {
        1261318-@qq.com
    }
    notification_email_from Alexandre.Cassen@firewall.loc
    smtp_server 127.0.0.1
    smtp_connect_timeout 30
    router_id lb01
}
vrrp_instance VI_1 {
    state MASTER
```

```
        interface ens33
        virtual_router_id 51
        priority 100
        advert_int 1
        authentication {
            auth_type PASS
            auth_pass 1111
        }
        virtual_ipaddress {
            192.168.11.20/24
        }
}
vrrp_instance VI_2 {
        state BACKUP
        interface ens33
        virtual_router_id 52
        priority 90
        advert_int 1
        authentication {
            auth_type PASS
            auth_pass 1111
        }
        virtual_ipaddress {
            192.168.11.21/24
        }
}
```

修改lb02节点的Keepalived配置文件，添加一个实例vrrp_instance VI_2，具体命令如下所示。

```
[root@lb02 ~]# cat /etc/keepalived/keepalived.conf
! Configuration File for keepalived
global_defs {
    notification_email {
        1261318-@qq.com
    }
    notification_email_from Alexandre.Cassen@firewall.loc
    smtp_server 127.0.0.1
    smtp_connect_timeout 30
    router_id lb02
}
vrrp_instance VI_1 {
    state BACKUP
    interface ens33
    virtual_router_id 51
```

```
        priority 90
        advert_int 1
        authentication {
            auth_type PASS
            auth_pass 1111
        }
        virtual_ipaddress {
            192.168.11.20/24
        }
}
vrrp_instance VI_2 {
    state MASTER
    interface ens33
    virtual_router_id 52
    priority 100
    advert_int 1
    authentication {
        auth_type PASS
        auth_pass 1111
    }
    virtual_ipaddress {
        192.168.11.21/24
    }
}
```

重新启动两个节点的Keepalived服务，具体命令如下所示。

```
[root@lb01 ~]# systemctl restart keepalived
[root@lb02 ~]# systemctl restart keepalived
```

由lb01端，查看虚拟IP的接管状态，具体命令如下所示。

```
[root@lb01 ~]# ip a | egrep "192.168.11.20|192.168.11.21"
    inet 192.168.11.20/24 scope global secondary ens33
```

由lb02端，查看虚拟IP的接管状态，具体命令如下所示。

```
[root@lb02 ~]# ip a | egrep "192.168.11.20|192.168.11.21"
    inet 192.168.11.21/24 scope global secondary ens33
```

修改lb01和lb02负载均衡器Nginx的配置文件，添加一个server模块，具体命令如下所示。

```
[root@lb01 ~]# cat /etc/nginx/nginx.conf
……省略部分代码……
http {
    log_format  main  '$remote_addr - $remote_user [$time_local] "$request" '
                      '$status $body_bytes_sent "$http_referer" '
                      '"$http_user_agent" "$http_x_forwarded_for"';
```

```
    access_log      /var/log/nginx/access.log   main;

    sendfile                on;
    tcp_nopush              on;
    tcp_nodelay             on;
    keepalive_timeout       65;
    types_hash_max_size     4096;
    include                 /etc/nginx/mime.types;
    default_type            application/octet-stream;
    include /etc/nginx/conf.d/*.conf;
    server {
        listen          80;
        listen          [::]:80;
        server_name     192.168.11.20;
        root            /usr/share/nginx/html;
        include         /etc/nginx/default.d/*.conf;
        error_page      404 /404.html;
        location = /404.html {
        }
        error_page 500 502 503 504 /50x.html;
        location = /50x.html {
        }
        #引用服务器组
        location / {
            proxy_pass    http://html;
            proxy_set_header Host $host;
            proxy_set_header X-Real-IP $remote_addr;
            proxy_set_header REMOTE-HOST $remote_addr;
            proxy_set_header X-Forwarded-For $proxy_add_x_forwarded_for;
        }
    }
    #配置服务器组
    upstream  html {
    server web1:80 weight=5;
    server web2:80 weight=5;
    }
    server {
        listen          80;
        listen          [::]:80;
        server_name     192.168.11.21;
        root            /usr/share/nginx/html;

        include /etc/nginx/default.d/*.conf;
```

```
            error_page 404 /404.html;
            location = /404.html {
            }
            error_page 500 502 503 504 /50x.html;
            location = /50x.html {
            }
            #引用服务器组
            location / {
                proxy_pass    http://test_html;
                proxy_set_header Host $host;
                proxy_set_header X-Real-IP $remote_addr;
                proxy_set_header REMOTE-HOST $remote_addr;
                proxy_set_header X-Forwarded-For $proxy_add_x_forwarded_for;
            }
        }
        #配置服务器组
        upstream   test_html {
        server web3:80 weight=5;
        server web4:80 weight=5;
        }
    }
```

修改完Nginx配置文件，重启Nginx服务，具体命令如下所示。

```
[root@lb01 ~]# systemctl restart nginx
[root@lb02 ~]# systemctl restart nginx
```

5.4.4 配置 Web 服务端

编辑Web集群的Web访问页面，具体命令如下所示。

```
[root@web1 ~]# cat /usr/share/nginx/html/index.html
A business
loading......web1
[root@web2 ~]# cat /usr/share/nginx/html/index.html
A business
loading......web2
[root@web3 ~]# cat /usr/share/nginx/html/index.html
B business
loading......web3
[root@web4 ~]# cat /usr/share/nginx/html/index.html
B business
loading......web4
```

5.4.5 Nginx+Keepalived 高可用集群双主模式测试

在本地客户端浏览器访问VIP（192.128.11.21），可以按【Ctrl+F5】组合键强制刷新页面，会出现如图5.5所示两种页面。

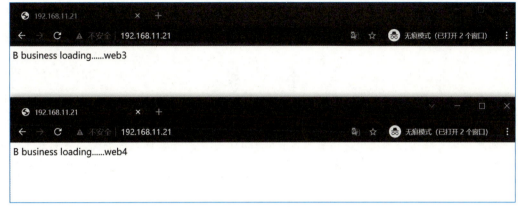

图 5.5 访问 VIP 返回页面

由图5.5可知，在Keepalived所有节点运行正常的情况下，能顺利访问到后端服务器。接下来，将关闭lb01主机或停止lb01主机的Keepalived服务，模拟lb01宕机，具体命令如下所示。

```
[root@lb02 ~]# systemctl stop keepalived
```

重新访问VIP（192.168.11.20），访问结果如图5.6所示。

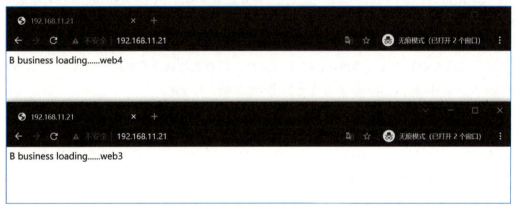

图 5.6 访问 VIP 返回页面

由图5.6可知，客户端依然能正常访问后端B业务。检查lb01和lb02对虚拟IP的接管状态，具体命令如下所示。

```
[root@lb01 ~]# ip a | egrep "192.168.11.20|192.168.11.21"
    inet 192.168.11.21/24 scope global secondary ens33
    inet 192.168.11.20/24 scope global secondary ens33
[root@lb02 ~]# ip a | egrep "192.168.11.20|192.168.11.21"
```

由上述结果可知，VIP（192.168.11.21）被lb02释放后，接着被另一台服务器接管。再次启动lb02的Keepalived服务查看lb01和lb02对虚拟IP的接管状态，具体命令如下所示。

```
[root@lb01 ~]# ip a | egrep "192.168.11.20|192.168.11.21"
      inet 192.168.11.20/24 scope global secondary ens33
[root@lb02 ~]# ip a | egrep "192.168.11.20|192.168.11.21"
 inet 192.168.11.21/24 scope global secondary ens33
```

由上述结果可知，lb01、lb02主备节点可以实现VIP的互相切换，有效地体现了Keepalived高可用功能。

小　结

本章学习了高可用集群以及可以实现系统高可用的软件之一Keepalived，介绍了高可用软件的工作原理与配置方式。在实际环境中，读者可以将Keepalived与多种软件灵活搭配，实现系统或各项服务的高可用。掌握高可用技术可以提高系统的可靠性和稳定性，为企业的业务发展提供可靠的保障。

习　题

一、填空题

1. 高可用集群软件的主要作用就是实现_____和_____的自动化，用于单个节点发生故障时，能够自动将资源、服务进行切换，这样可以保证服务一直在线。

2. 如果在HA集群中两个节点之间的_____断开，本来是整体、协调的HA系统就会分裂成两个独立的个体。

3. Keepalived是集群管理当中保证集群高可用的一个服务软件，主要用来防止_____。_____协议可以认为是实现路由器高可用的协议，将N台提供相同功能的服务器组成一个服务器组，该组中有一个Master和多个Backup，Master上面有一个对外提供服务的VIP。

4. Keepalived结构简单，扩展性强，是一个高度模块化的软件，主要有三个模块，分别是_____、_____和_____。

二、选择题

1. 下列选项中，解决脑裂的常见方案有（　　）。
   A. 减少冗余的心跳线　　　　　　　B. 关闭磁盘锁
   C. 设置仲裁机制　　　　　　　　　D. 脑裂的监控报警

2. 下列选项中，高可用集群的工作模式有（　　）。
   A. Active/Passive　　　　　　　　B. Active/Active
   C. $N+1$　　　　　　　　　　　　D. 以上都是

3. 下列选项中，不是Keepalived特点的是（　　）。
   A. Keepalived只能做LVS的高可用
   B. Keepalived是以VRRP协议为基础实现的
   C. Keepalived是LVS的扩展项目，因此它们之间具备良好的兼容性
   D. Keepalived通过对服务器池对象的健康检查，实现对故障服务器的隔离

4. 下列选项中，Keepalived配置文件中设置优先级的参数是（　　）。
   A. router_id　　　　　　　　　　B. state
   C. interface　　　　　　　　　　 D. priority

5. 下列选项中，Keepalived 配置文件中设置心跳间隔的参数是（　　）。

　　A. router_id　　　　　　　　　　B. state

　　C. advert_int　　　　　　　　　 D. priority

三、简答题

1. 简述 Keepalived 的故障切换工作原理。

2. 简述发生脑裂的原因。

四、操作题

搭建 Nginx+Keepalived 双主高可用集群。

第 6 章　LVS 四层负载集群

学习目标

◎ 熟悉 LVS 的特点。
◎ 熟悉 LVS 的工作原理。
◎ 了解 LVS 的四种工作模式及特点。
◎ 了解 LVS-NAT 的部署过程。

在前几章已经提到过，当一台服务器的处理能力或存储空间不足时，可以通过增加服务器实现应用与数据分离，降低服务器负载压力，提高网站访问效率。四层负载均衡是基于IP和端口的负载均衡，通过负载均衡设备设置的服务器选择算法来决定后端服务器的选择。四层负载集群架构设计比较简单，因为无须解析接收具体消息内容，所以在网络吞吐量和处理能力上相对较高。LVS软件是四层负载中最常用的软件之一，本章将详细讲解使用LVS实现四层负载均衡集群。

6.1　LVS 简 介

6.1.1　LVS 概念

LVS（Linux Virtual Server）是一款虚拟的服务器集群系统，该项目在1998年5月由章文嵩博士成立，是我国国内最早出现的自由软件项目之一。LVS本身并不提供服务，只作为流量的接入层，将客户端的请求转发给后端服务器进行处理，从而实现集群环境中的负载均衡。LVS为集群提供一个访问的入口，真正提供服务的是后端服务器。

如今，LVS已经成为Linux内核的一部分，LVS提供的任何功能可以直接使用。LVS的特性如下所示。

① 作为四层负载均衡调度器，仅用于分发流量，所以只需要消耗极低的CPU和内存资源，因此具备极高的抗负载能力。

② 因为Linux内核已经内置了LVS功能模块，所以大部分配置项无须手动配置，极大地降低了配置的难度。

③ LVS可以在二层、三层、四层网络工作，应用范围比较广。几乎所有应用都可以使用LVS做负载均衡，它不仅能快速响应用户的请求，而且可以支持上百万的并发连接，并且其吞吐量最大连接数高达10 Gbit/s。

④LVS在负载均衡端具有灵活的策略选择,其中包括三种工作模块,十种调度算法。

LVS集群的体系结构可以分为三层,分别为负载均衡调度器(或者负载调度器)、服务器池、共享存储,具体如图6.1所示。

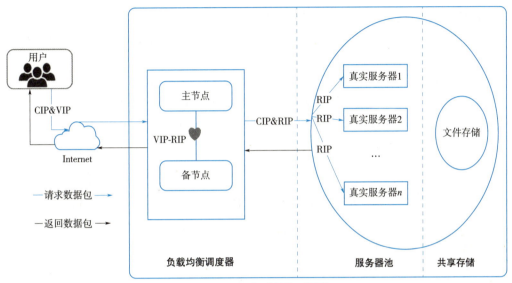

图 6.1　LVS 集群的体系结构

图6.1中提及的术语如下所示。

①CIP:Client IP,客户端IP地址。

②VIP:对外公布的虚拟IP,用户所请求的目标IP地址。

③RIP:Real Server IP,后端真正提供服务的服务器IP。

6.1.2　LVS 原理架构

LVS原理架构图如图6.2所示。

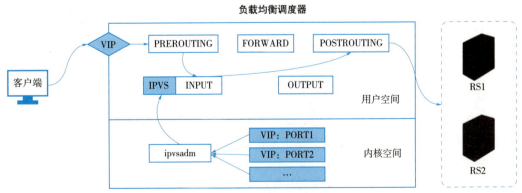

图 6.2　LVS 原理架构图

在图6.2中,LVS重要的内核模块和管理工具如下所示。

①IPVS:LVS集群系统的重要内核模块,负责转发请求。

②ipvsadm：工作在用户空间的命令行工具，主要用于管理集群服务等。在安装LVS时需要另外安装。

在图6.2中，负载均衡调度器的IPVS会虚拟一个IP供外部客户端访问，客户端只能通过该VIP访问服务器。数据的传输过程如下所示。

①访问数据包首先发送至负载调度器的内核空间。

②PREROUTING的作用是目标地址转换，当PREROUTING收到访问数据包时，解析目标地址是否为本机IP，然后将数据包传输至INPUT。

③INPUT收到请求后，IPVS把访问请求与ipvsadm的规则进行对比。若访问请求的是后端集群，IPVS则会修改数据包，然后把修改好的数据包发送至POSTROUTING。

④POSTROUTING用于将公网IP修改为内网的主机IP。POSTROUTING收到数据包后核对目标IP，最后将数据包发送至后端服务器。

6.1.3 LVS 工作模式

LVS有四种工作模式，分别是NAT地址转换模式、DR直接路由模式、TUN-IP隧道模式及FULLNAT模式。

下面对这四种模式进行讲解。

1. LVS-NAT

LVS-NAT（地址转换）：将请求的目标地址转换为后端服务器的地址，并且所有流量都将经过负载均衡服务器，后端服务器网关都应指向负载均衡服务器，其工作原理如图6.3所示。

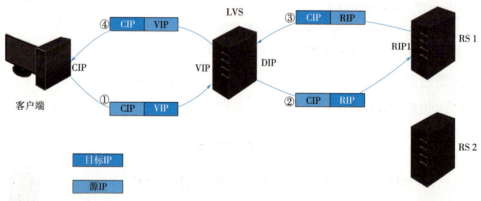

图 6.3 LVS-NAT 工作原理

由图6.3可知，LVS-NAT的工作原理主要有以下四步。

①客户端将请求发送到负载均衡服务器，此时请求报文源地址是CIP，目标地址为VIP。

②负载均衡服务器收到报文后，将客户端请求报文的目标IP地址改为后端服务器的RIP地址并将报文根据算法发送到后端服务器。

③报文发送到后端服务器后，由于报文的目标地址是该服务器，所以会响应该请求，并将响应报文返还给负载均衡服务器。

④负载均衡服务器将此报文的源地址修改为VIP地址并发送给客户端。

LVS-NAT模式的特点主要有以下几点。
◎ DIP和RIP需要在同一网段。
◎ RS需要使用私有IP，并且RS的网关需要指向DIP。
◎ 请求和响应报文都经过DR，在高负载的压力下，DR可能成为性能瓶颈。
◎ 支持端口映射。
◎ RS不限制操作系统。

2. LVS-DR

LVS-DR（直接路由）：负载均衡服务器和后端服务器必须在同一物理网络，响应由后端服务器直接发送给客户端，其工作原理如图6.4所示。

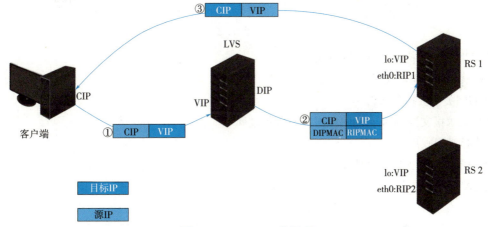

图 6.4　LVS-DR 工作原理

由图6.4可知，DR直接路由模式的工作步骤主要有以下三步。

①客户端将请求发送到负载均衡服务器，请求报文源地址是CIP，目标地址为VIP。

②负载均衡服务器收到报文后，将客户端请求报文的源MAC地址改为自己的MAC地址，目标MAC改为RIP的MAC地址，并将此包发送给后端服务器。

③后端服务器发现请求报文中的目标MAC地址是自己的，便将请求进行处理，处理完请求后，将响应报文通过lo接口送给eth0网卡再发送给客户端。

LVS-DR模式的特点主要有以下几点。
◎ RS和DS需要在同一个物理网络中。
◎ 所有请求报文经过DS，而响应报文不经过DS。
◎ 既不支持端口映射，也不支持地址转换。
◎ RS的网关不可以指向DIP。
◎ RS上的lo接口需要配置VIP的IP地址。

3. LVS-TUN

LVS-TUN（隧道）：与LVS-DR方式相似，不同的是LVS-TUN将IP报文再封装一层，形成隧道传输，其工作原理如图6.5所示。

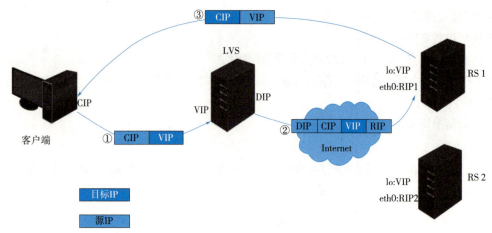

图 6.5　LVS-TUN 工作原理

LVS-TUN模式的特点主要有以下几点。

◎ RIP、VIP和DIP是公网IP。

◎ RS的网关不会指向DIP。

◎ 所有请求报文经过DS，而响应报文不会经过DS。

◎ 不支持端口映射。

◎ RS的系统需要支持隧道功能。

三种模式的对比见表6.1。

表 6.1　LVS 工作模式对比

LVS 工作模式	LVS/NAT	LVS/TUN	LVS/DR
服务器操作系统	任意	支持隧道	多数（支持 Non-arp）
服务器网络	私有网络	局域网 / 广域网	局域网
服务器数目（100M 网络）	10~20	100	大于 100
服务器网关	负载均衡器	自己的路由	自己的路由
效率	一般	高	最高

4. FULLNAT

FULLNAT与LVS-NAT模式转发数据包的方式类似，请求和响应报文都经过LVS，不同的是后端RS不需要进行配置。其工作原理如图6.6所示。

由图6.6可知，FULLNAT直接路由模式的工作步骤主要有以下四步。

①客户端将请求发送到负载均衡服务器，请求报文源地址是CIP，目标地址为VIP。

②负载均衡服务器收到报文后，发现请求的是后端服务器，然后将源IP改为自己的IP，目标IP改为后端服务器IP，并将此包发送给后端服务器。

③后端服务器收到请求报文后，将请求进行处理，处理完请求后，将源IP改为RIP，目标IP改为DIP，并将响应报文返还给负载均衡器。

④由负载均衡器将此报文的源地址修改为VIP地址并发送给客户端。

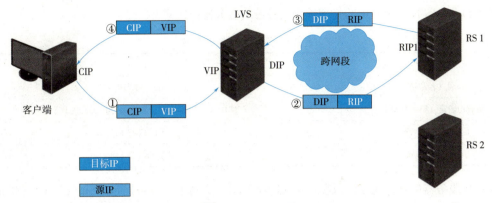

图 6.6 FULLNAT

FULLNAT模式的特点主要有以下几点。
◎ DIP和RIP不需要在同一网段。
◎ 与NAT模式相比，RS的响应包一定可到达负载均衡器。
◎ 与NAT模式相比，需要更新源IP，性能会下降。

6.2 LVS-NAT 四层负载集群实战案例

6.1节介绍了LVS的几种工作模式，其中应用最广泛的是NAT模式和DR模式。下面介绍NAT模式的搭建原理及实际操作。

6.2.1 实验原理

服务器使用NAT模式对外提供服务时，用户请求的整体处理流程如图6.7所示。

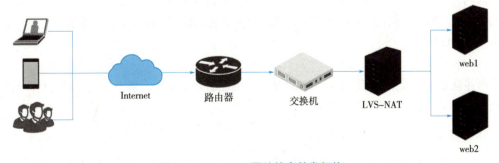

图 6.7 LVS-NAT 网站的高并发架构

由图6.7可知，客户端的请求在网上进行传送时会经过路由器及交换机的转发，寻找到网站的服务器。网站设置为LVS-NAT模式后，对外接收请求的只有负载均衡器。负载均衡器设有两块网卡，一个IP对外接收请求，另一个IP则对内进行资源的分发与收集，将外网与内网隔开。简而言之，外界的请求只有通过负载均衡器的转发，才能到达真实的服务器进行处理；内在的处理结果也只有通过负载均衡器进行转发，才能反馈给客户端。

一个数据包有两个IP：源地址IP和目标地址IP，分别表示数据包的来处和去处。假设一组IP实时模拟一个数据包在LVS-NAT网站中的处理过程。假设的服务器及IP见表6.2。

表 6.2 假设的服务器及 IP

服务器	IP
外网（客户端）	10.18.41.210
负载均衡器（LVS-NAT）	公网 IP 为 10.18.41.55、私网 IP 为 192.168.142.136
后端服务器 web1	192.168.142.137
后端服务器 web2	192.168.142.138

分配完成服务器的IP，现在模拟客户端向网站发出一个请求，该数据包的Sip（源IP）和Dip（目标IP）分别如下所示。

Sip：10.18.41.210；

Dip：10.18.41.55。

当数据包到达负载均衡器后，负载均衡器本身无法处理请求，只能将该数据包转给后台空闲的后端服务器进行处理。选定处理请求的服务器后，负载均衡器会将数据包的目标地址换为后端服务器地址，进行下一步处理。假设目前两台后端服务器都处于空闲状态，数据包被随机交给web1进行处理，该数据包的Sip和Dip分别如下所示。

Sip：10.18.41.210；

Dip：192.168.142.137。

后端服务器web1处理数据包的信息之后，将响应数据包进行返程，源地址与目标地址互换，此时的Sip和Dip分别如下所示。

Sip：192.168.142.137；

Dip：10.18.41.210。

因为内网无法与外网直接进行通信，所以只能通过负载均衡器进行传送。负载均衡器将源地址IP换为自己的公网IP，响应数据包就可以正常返回。此时数据包的Sip和Dip分别如下所示。

Sip：10.18.41.55；

Dip：10.18.41.210。

综上所述就是一个数据包在LVS-NAT网站架构中的完整处理流程，接下来，将通过具体的实验诠释其核心原理。

6.2.2 环境准备

本次实验需要三台虚拟机（或者物理服务器）：一台LVS负载均衡服务器、两台后端服务器。需要提前准备的条件如下所示。

◎ 操作系统CentOS 7.6。

◎ 提前关闭防火墙及SELinux。

虚拟LVS服务器需要一个公网IP、一个私网IP，使用一块网卡为桥接模式，另一块为主机模式。后端服务器只需要设有私网IP即可，网卡为主机模式。

默认的服务器都只设有一块网卡，故现在需要为虚拟LVS服务器添加第二块网卡，在本次实验中，具体操作如下所示。

对服务器增加或者删除硬件都需要先将服务器关机。关机之后，再选中虚拟服务器，单击"编辑虚拟机设置"超链接，如图6.8所示。

图 6.8　虚拟机设置

弹出的"虚拟机设置"界面如图6.9所示。

图 6.9　"虚拟机设置"界面

由图6.9可知，目前该虚拟机只有一块网卡。单击界面下方的"添加"按钮，弹出"添加硬件向导"界面，如图6.10所示。

硬件类型选择"网络适配器"，然后单击图6.10下方的"完成"按钮即可。添加网卡之后，对现有的两块网卡分配网段，设置网卡1为VMnet0（桥接模式），网卡2为VMnet1（仅主机模式），设置完成后如图6.11所示。

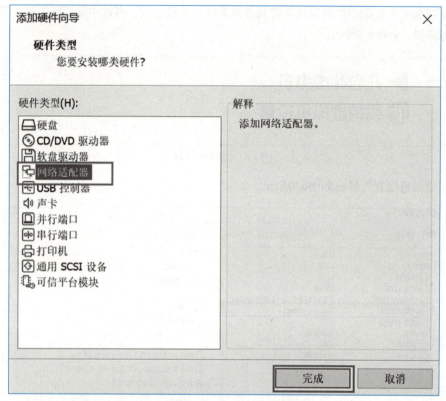

图6.10 "添加硬件向导"界面

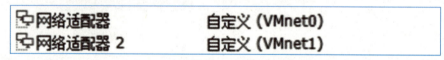

图6.11 网卡

确认网卡信息无误后,单击"确定"按钮,添加网卡的操作完成。本书所用的负载均衡器(LVS-NAT)的公网IP为192.168.137.72,私网IP为192.168.200.10。客户端使用宿主机浏览器。

为了便于读者观察实验操作对象,这里分别将服务器的主机名修改为natlb01、web1、web2。

为了保证各服务器的时间一致,对所有服务器进行时间校对。

```
[root@localhost ~]# ntpdate -u 120.25.108.11
```

查看操作系统及内核版本:

```
[root@localhost ~]# cat /etc/redhat-release
CentOS Linux release 7.6.1810 (Core)
[root@localhost ~]# uname -r
3.10.0-957.el7.x86_64
[root@localhost ~]# uname -m
x86_64
```

使用宿主机测试LVS负载调度器的网络连通性。打开宿主机的命令提示符,测试公网IP,具体如图6.12所示。

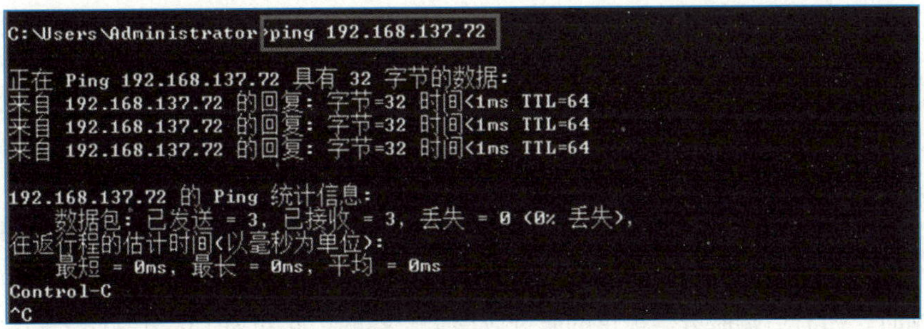

图 6.12 测试公网 IP

由图6.12可知，宿主机客户端可以访问到公网IP。

测试私网IP，具体如图6.13所示。

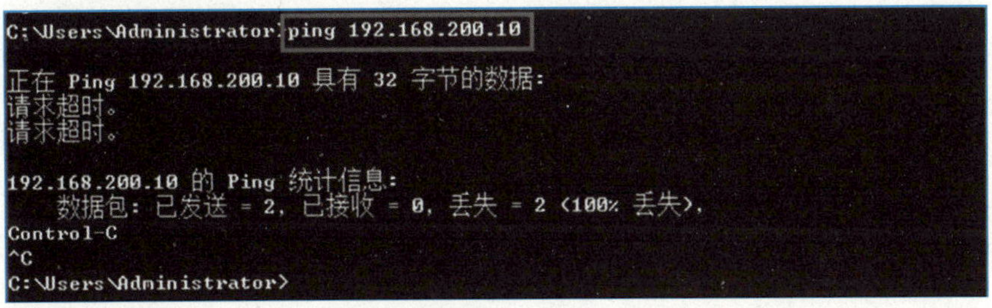

图 6.13 测试私网 IP

由图6.13可知，宿主机客户端无法访问私网IP。

6.2.3 搭建部署

1. 配置后端服务器

首先为后端服务器配置网站及路由，具体步骤如下所示。

在web1和web2上安装Apache服务，具体命令如下所示。

```
[root@web1 ~]# yum -y install httpd
……安装过程省略……
已安装:
  httpd.x86_64 0:2.4.6-97.el7.CentOS.4

作为依赖被安装:
  apr.x86_64 0:1.4.8-7.el7
  apr-util.x86_64 0:1.5.2-6.el7
  httpd-tools.x86_64 0:2.4.6-97.el7.CentOS.4
  mailcap.noarch 0:2.1.41-2.el7
完毕!
[root@web2 ~]# yum -y install httpd
```

启动网站服务，并设置为开机自启，具体命令如下所示。

```
//web1
[root@web1 ~]# systemctl start httpd
[root@web1 ~]# systemctl enable httpd
```

```
Created symlink from /etc/systemd/system/multi-user.target.wants/httpd.service to /usr/lib/systemd/system/httpd.service.
//web2
[root@web2 ~]# systemctl start httpd
[root@web2 ~]# systemctl enable httpd
Created symlink from /etc/systemd/system/multi-user.target.wants/httpd.service to /usr/lib/systemd/system/httpd.service.
```

做负载均衡时,所有后端服务器提供的服务应该是一样的,此处为了区分到底是哪台服务器在处理请求,设置不同的Web页面,具体命令如下所示。

```
//web1
[root@web1 ~]# echo web1 > /var/www/html/index.html
//web2
[root@web2 ~]# echo web2 > /var/www/html/index.html
```

下载Net-tools工具,以便使用route命令处理网关接口,具体命令如下所示。

```
[root@natlb ~]# yum -y install net-tools
……安装过程省略……
Installed:
  net-tools.x86_64 0:2.0-0.25.20131004git.el7
Complete!
```

配置Web服务器的网卡模式为仅主机模式,即与LVS负载调度器的私网IP在同一网段。右击web1虚拟主机,在弹出的快捷菜单中选择"设置"命令,弹出"虚拟机设置"对话框,具体设置如图6.14所示。

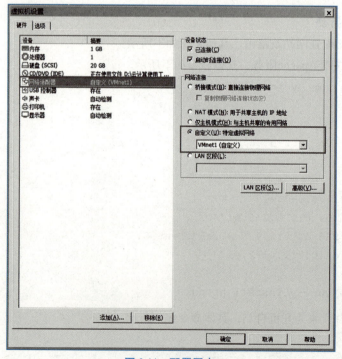

图6.14 配置网卡

单击图6.14中的"网络适配器"选项，选择VMnet1模式（仅主机模式）。然后单击"确定"按钮。web1和web2的网卡配置过程相同。

修改web1的网卡配置文件，将其IP地址设置为静态，具体如图6.15所示。

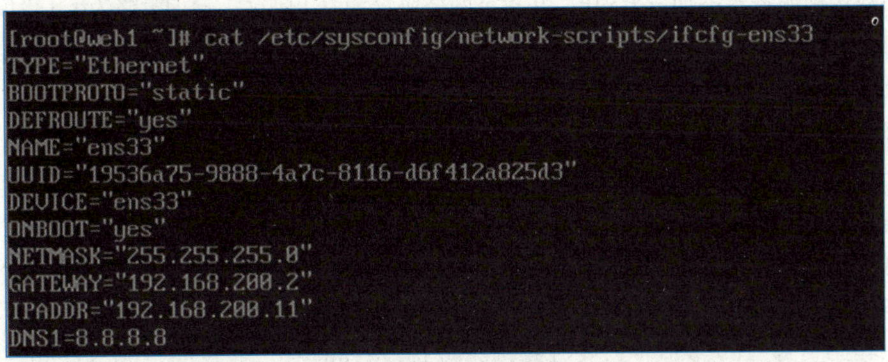

```
[root@web1 ~]# cat /etc/sysconfig/network-scripts/ifcfg-ens33
TYPE="Ethernet"
BOOTPROTO="static"
DEFROUTE="yes"
NAME="ens33"
UUID="19536a75-9888-4a7c-8116-d6f412a825d3"
DEVICE="ens33"
ONBOOT="yes"
NETMASK="255.255.255.0"
GATEWAY="192.168.200.2"
IPADDR="192.168.200.11"
DNS1=8.8.8.8
```

图6.15　web1 网络配置

修改web2的网卡配置文件，将其IP地址设置为静态，具体如图6.16所示。

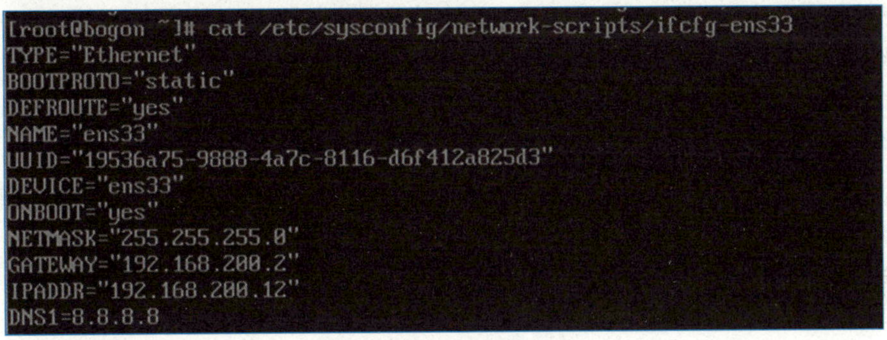

```
[root@bogon ~]# cat /etc/sysconfig/network-scripts/ifcfg-ens33
TYPE="Ethernet"
BOOTPROTO="static"
DEFROUTE="yes"
NAME="ens33"
UUID="19536a75-9888-4a7c-8116-d6f412a825d3"
DEVICE="ens33"
ONBOOT="yes"
NETMASK="255.255.255.0"
GATEWAY="192.168.200.2"
IPADDR="192.168.200.12"
DNS1=8.8.8.8
```

图6.16　web2 网络配置

为外网的请求指定处理网关接口，具体命令如下所示。

```
//web1
[root@web1 ~]# route add -net 192.168.137.0/24 gw 192.168.200.10
//web2
[root@web2 ~]# route add -net 192.168.137.0/24 gw 192.168.200.10
```

Web服务器的配置到此结束，web2除了默认页面与其不同，其他配置与web1相同即可。

2. 配置 LVS 负载均衡器

配置完成后端服务器，下一步为LVS-NAT配置路由功能及负载策略。首先启动LVS负载调度器的路由功能，具体命令如下所示。

```
[root@natlb ~]# echo 1 > /proc/sys/net/ipv4/ip_forward
```

开启路由功能之后，安装配置路由所需的ipvsadm工具，具体命令如下所示。

```
[root@natlb ~]# yum -y install ipvsadm
……安装过程省略……
Installed:
```

```
    ipvsadm.x86_64 0:1.27-8.el7

Complete!
```

为LVS负载均衡服务器添加一个VIP,并指定网络协议为TCP协议,轮询策略为rr(轮询调度算法),具体命令如下所示。

```
[root@natlb ~]# ipvsadm -A -t 192.168.137.72:80 -s rr
```

上述命令中各参数的含义如下所示。

◎ -A:表示添加一个新的虚拟服务器;
◎ -t:表示TCP协议;
◎ -s:表示调度算法是轮询。

将Web后端服务器的IP加入轮询队伍,具体命令如下所示。

```
[root@natlb ~]# ipvsadm -a -t 192.168.137.72:80 -r 192.168.200.11:80 -m
[root@natlb ~]# ipvsadm -a -t 192.168.137.72:80 -r 192.168.200.12:80 -m
```

上述命令中各参数的含义如下所示。

◎ -a:表示添加一个后端服务器,以及之前定义的集群服务的地址端口;
◎ -r:表示增加具体后端服务器的IP地址;
◎ -m:表示模式为NAT模式。

3. 客户端测试

配置完成后,需要使用客户端测试负载均衡器是否正常工作。若使用虚拟机或真实物理机作为客户端,需要在客户端安装测试工具Elinks,具体命令如下所示。

```
[root@natlb ~]# yum -y install elinks
……安装过程省略……
Installed:
  elinks.x86_64 0:0.12-0.37.pre6.el7.0.1

Dependency Installed:
  js.x86_64 1:1.8.5-20.el7
  nss_compat_ossl.x86_64 0:0.9.6-8.el7

Complete!
```

多进行几次网站的访问,具体命令如下所示。

```
[root@natlb ~]# elinks --dump http://192.168.137.72
    web1
[root@natlb ~]# elinks --dump http://192.168.137.72
    web2
[root@natlb ~]# elinks --dump http://192.168.137.72
    web1
[root@natlb ~]# elinks --dump http://192.168.137.72
    web2
```

```
[root@natlb ~]# elinks --dump http://192.168.137.72
    web1
[root@natlb ~]# elinks --dump http://192.168.137.72
    web2
[root@natlb ~]# elinks --dump http://192.168.137.72
    web1
```

由上述结果可知,web1和web2交替进行服务,说明负载均衡器有效地将外界的请求在内部进行分发,提高了网站的工作效率。

使用宿主机浏览器访问LVS负载均衡调度器,模拟客户端访问的场景,会交替访问到后端服务器,具体如图6.17所示。

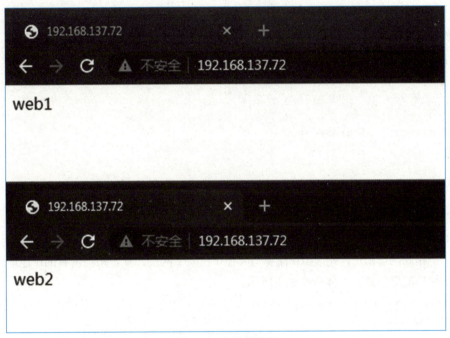

图6.17 客户端访问

6.3 LVS-DR 四层负载集群实战案例

在6.2节中,介绍了LVS-NAT模式集群的优点,该模式使用内网与后端服务器传输数据包,网络隔离更安全,同时也节省了IP地址,因此被广泛应用。然而,随着网络规模的不断扩大,其缺点逐渐显现。由于所有数据流都要经过DR进入和转发,DR很可能成为系统性能瓶颈。为了有效地解决这个问题,本节将介绍LVS-DR模式的使用方式。

6.3.1 环境准备

本次实验需要三台虚拟机(或者物理服务器):一台LVS负载均衡器、两台后端服务器,并且处于同一网段,具体见表6.3。

表 6.3　LVS-DR 服务器构成

角色	主机名	IP
负载均衡器（LVS-DR）	drlb	192.168.88.129
		192.168.88.150（VIP）
后端服务器	web3	192.168.88.130
后端服务器	web4	192.168.88.131

说明：提前关闭防火墙及SELinux；客户端使用宿主机代替。

为了便于读者观察实验操作对象，这里分别将服务器的主机名修改为drlb、web3、web4。

为了保证各服务器的时间一致，对所有服务器进行时间校对。

```
[root@localhost ~]# ntpdate -u 120.25.108.11
```

查看操作系统及内核版本：

```
[root@localhost ~]# cat /etc/redhat-release
CentOS Linux release 7.6.1810 (Core)
[root@localhost ~]# uname -r
3.10.0-957.el7.x86_64
[root@localhost ~]# uname -m
x86_64
```

6.3.2　搭建部署

1. 配置 LVS 负载均衡器

在LVS-DR负载集群中，要求包含的每台主机都要配置一个公网IP，并且LVS负载调度器以及后端服务器配置一个相同的虚拟IP，此虚拟IP需要与其他IP在同一网段，且是未被占有的IP地址。

安装网卡接口配置工具，具体命令如下所示。

```
[root@drlb ~]# yum -y install net-tools
……安装过程省略……
Installed:
  net-tools.x86_64 0:2.0-0.25.20131004git.el7

Complete!
```

添加虚拟IP的虚拟接口，将VIP配置在物理网卡的子接口上，本实验的VIP设置为192.168.88.150，具体命令如下所示。

```
[root@drlb ~]# ifconfig ens33:0 192.168.88.150 broadcast 192.168.88.255  netmask 255.255.255.0 up
```

查看网络接口和网卡信息，具体如图6.18所示。

由图6.18可知，为ens33网卡配置了一个子接口，即VIP。

给ens33:0添加路由，使目标地址为VIP的数据包能够从VIP的子接口上发送，具体命令如下所示。

```
[root@drlb ~]# route add -host 192.168.88.150 dev ens33:0
```

```
[root@drlb ~]# ifconfig
ens33: flags=4163<UP,BROADCAST,RUNNING,MULTICAST>  mtu 1500
        inet 192.168.88.129  netmask 255.255.255.0  broadcast 192.168.88.255
        inet6 fe80::1fb8:30b0:5bd5:b9ec  prefixlen 64  scopeid 0x20<link>
        inet6 fe80::b528:3bfb:cf69:24bc  prefixlen 64  scopeid 0x20<link>
        inet6 fe80::b5c4:4ce4:fd20:b178  prefixlen 64  scopeid 0x20<link>
        ether 00:0c:29:41:34:46  txqueuelen 1000  (Ethernet)
        RX packets 3708  bytes 737889 (720.5 KiB)
        RX errors 0  dropped 0  overruns 0  frame 0
        TX packets 3000  bytes 243751 (238.0 KiB)
        TX errors 0  dropped 0 overruns 0  carrier 0  collisions 0

ens33:0: flags=4163<UP,BROADCAST,RUNNING,MULTICAST>  mtu 1500
        inet 192.168.88.150  netmask 255.255.255.0  broadcast 192.168.88.255
        ether 00:0c:29:41:34:46  txqueuelen 1000  (Ethernet)

lo: flags=73<UP,LOOPBACK,RUNNING>  mtu 65536
        inet 127.0.0.1  netmask 255.0.0.0
        inet6 ::1  prefixlen 128  scopeid 0x10<host>
        loop  txqueuelen 1000  (Local Loopback)
        RX packets 0  bytes 0 (0.0 B)
        RX errors 0  dropped 0  overruns 0  frame 0
        TX packets 0  bytes 0 (0.0 B)
        TX errors 0  dropped 0 overruns 0  carrier 0  collisions 0
```

图 6.18　网卡信息查询

修改系统配置文件，设置路由转发，关闭重定向，具体命令如下所示。

```
[root@drlb ~]# vim /etc/sysctl.conf
net.ipv4.ip_forward = 1                          #开启路由功能
net.ipv4.conf.all.send_redirects = 0             #禁止转发重定向报文
net.ipv4.conf.ens33.send_redirects = 0           #禁止ens33转发重定向报文
net.ipv4.conf.default.send_redirects = 0         #禁止转发默认重定向报文
```

修改完成系统配置文件后，可以更新配置结果到内存，具体命令如下所示。

```
[root@drlb ~]# sysctl -p
net.ipv4.ip_forward = 1
net.ipv4.conf.all.send_redirects = 0
net.ipv4.conf.ens33.send_redirects = 0
net.ipv4.conf.default.send_redirects = 0
```

安装LVS集群管理软件ipvsadm，具体命令如下所示。

```
[root@drlb ~]# yum -y install ipvsadm
……安装过程省略……
Installed:
  ipvsadm.x86_64 0:1.27-8.el7


Complete!
```

清除内核虚拟服务器表中的所有IPVS规则，具体命令如下所示。

```
[root@drlb ~]# ipvsadm -C
```

添加虚拟服务器，即VIP，使用轮询调度算法，具体命令如下所示。

```
[root@drlb ~]# ipvsadm -A -t 192.168.88.150:80 -s rr
```

将Web后端服务器的IP加入轮询队伍，具体如下所示。

```
[root@drlb ~]# ipvsadm -a -t 192.168.88.150:80 -r 192.168.88.130:80 -g
[root@drlb ~]# ipvsadm -a -t 192.168.88.150:80 -r 192.168.88.131:80 -g
```

上述命令中的-g参数表示LVS的工作模式为直接路由模式。

查看当前配置的虚拟服务以及各个后端服务器的权重，具体命令如下所示。

```
[root@drlb ~]# ipvsadm -Ln
IP Virtual Server version 1.2.1 (size=4096)
Prot LocalAddress:Port Scheduler Flags
  -> RemoteAddress:Port          Forward Weight ActiveConn InActConn
TCP 192.168.88.150:80 rr
  -> 192.168.88.130:80           Route   1      0          0
  -> 192.168.88.131:80           Route   1      1          0
```

永久保存LVS负载配置，以确保Ipvsadm服务正常运行，具体命令如下所示。

```
[root@drlb ~]# ipvsadm-save  > /etc/sysconfig/ipvsadm
```

设置ipvsadm开机自启，具体命令如下所示。

```
[root@drlb ~]# systemctl enable ipvsadm
Created symlink from /etc/systemd/system/multi-user.target.wants/ipvsadm.service to /usr/lib/systemd/system/ipvsadm.service.
```

2. 配置Web集群

为案例中的两台Web服务器安装http软件，部署Web服务，具体命令如下所示。

```
[root@web3 ~]# yum -y install httpd
……安装过程省略……
Installed:
  httpd.x86_64 0:2.4.6-97.el7.centos.4

Dependency Installed:
  apr.x86_64 0:1.4.8-7.el7
  apr-util.x86_64 0:1.5.2-6.el7
  httpd-tools.x86_64 0:2.4.6-97.el7.centos.4
  mailcap.noarch 0:2.1.41-2.el7

Complete!

[root@web4 ~]# yum -y install httpd
```

为了区分到底是哪台服务器在处理请求，设置不同的Web页面，具体命令如下所示。

```
//web3
[root@web3 ~]# echo web3 > /var/www/html/index.html
//web4
[root@web4 ~]# echo web4 > /var/www/html/index.html
```

启动httpd服务，并设置为开机自启，具体命令如下所示。

```
//web3
[root@web3 ~]# systemctl start httpd
[root@web3 ~]# systemctl enable httpd
Created symlink from /etc/systemd/system/multi-user.target.wants/httpd.service to /usr/lib/systemd/system/httpd.service.

//web4
[root@web4 ~]# systemctl start httpd
[root@web4 ~]# systemctl enable httpd
Created symlink from /etc/systemd/system/multi-user.target.wants/httpd.service to /usr/lib/systemd/system/httpd.service.
```

安装Net-tools工具，然后为Web服务器的lo网卡设置成子网掩码为32位的VIP，具体命令如下所示。

```
//web3
[root@web3 ~]# yum -y install net-tools
[root@web3 ~]# ifconfig lo:0 192.168.88.150/32

//web4
[root@web4 ~]# yum -y install net-tools
[root@web4 ~]# ifconfig lo:0 192.168.88.150/32
```

若在同一个广播域（网段）配置多个相同VIP，会造成各服务器ARP（Address Resolution Protocol，地址解析协议）通信冲突。为了解决此问题，就需要配置Web服务器的内核参数，禁用ARP响应和转发，实现接口IP的广播不响应不广播。

配置接收到ARP请求时的应答模式，具体命令如下所示。

```
//web3
[root@web3 ~]# echo 1 > /proc/sys/net/ipv4/conf/all/arp_ignore
//web4
[root@web4 ~]# echo 1 > /proc/sys/net/ipv4/conf/all/arp_ignore
```

arp_ignore内核参数文件的取值及含义如下。

◎ 0（默认值）：表示回应任何网络接口上对任何本地IP地址的ARP查询请求。

◎ 1：表示只回答目标IP地址是来访网络接口本地地址的ARP查询请求。

◎ 2：表示只回答目标IP地址是来访网络接口本地地址的ARP查询请求，且来访IP必须在该网络接口的子网段内。

◎ 3：表示不回应该网络界面的ARP请求，而只对设置的唯一和连接地址作出回应。

◎ 4~7：表示保留未使用。

◎ 8：表示不回应所有本地地址的ARP查询。

定义将本机地址向外通告的通告级别，具体命令如下所示。

```
//web3
[root@web3 ~]# echo 2 > /proc/sys/net/ipv4/conf/all/arp_announce
```

```
//web4
[root@web4 ~]# echo 2 > /proc/sys/net/ipv4/conf/all/arp_announce
```

arp_announce内核参数文件的取值及含义如下。

◎ 0（默认值）：允许使用任意网卡上的IP地址作为ARP请求的源IP。
◎ 1：尽量避免不在该网络接口子网段的本地地址作为发送ARP请求的源IP地址。
◎ 2：忽略IP数据包的源IP地址，选择该发送网卡上最合适的本地地址作为ARP请求的源IP地址。

3. 客户端测试

配置完成后，需要使用客户端测试负载均衡器是否正常工作。若使用虚拟机或真实物理机作为客户端，需要在客户端安装测试工具Elinks，具体命令如下所示。

```
[root@drlb ~]# yum -y install elinks
……安装过程省略……
Installed:
  elinks.x86_64 0:0.12-0.37.pre6.el7.0.1

Dependency Installed:
  js.x86_64 1:1.8.5-20.el7
  nss_compat_ossl.x86_64 0:0.9.6-8.el7

Complete!
```

多进行几次网站的访问，观察访问的结果，具体命令如下所示。

```
[root@drlb ~]# elinks --dump http://192.168.88.150/
    web4
[root@drlb ~]# elinks --dump http://192.168.88.150/
    web4
[root@drlb ~]# elinks --dump http://192.168.88.150/
    web3
[root@drlb ~]# elinks --dump http://192.168.88.150/
    web3
[root@drlb ~]# elinks --dump http://192.168.88.150/
    web4
[root@drlb ~]# elinks --dump http://192.168.88.150/
    web4
[root@drlb ~]# elinks --dump http://192.168.88.150/
    web4
```

查看LVS集群访问过程，具体命令如下所示。

```
[root@drlb ~]# ipvsadm -Lnc
IPVS connection entries
pro expire state       source              virtual             destination
TCP 04:25  ESTABLISHED 192.168.88.1:53659  192.168.88.150:80   192.168.88.131:80
TCP 00:56  SYN_RECV    192.168.88.129:58716 192.168.88.150:80  192.168.88.131:80
```

```
TCP 00:53  SYN_RECV      192.168.88.129:58714   192.168.88.150:80   192.168.88.130:80
TCP 00:44  SYN_RECV      192.168.88.129:58710   192.168.88.150:80   192.168.88.130:80
TCP 00:52  SYN_RECV      192.168.88.129:58712   192.168.88.150:80   192.168.88.131:80
TCP 14:35  ESTABLISHED   192.168.88.1:61849     192.168.88.150:80   192.168.88.131:80
TCP 13:21  ESTABLISHED   192.168.88.1:62134     192.168.88.150:80   192.168.88.131:80
```

使用宿主机浏览器访问VIP，模拟客户端访问的场景，具体如图6.19所示。

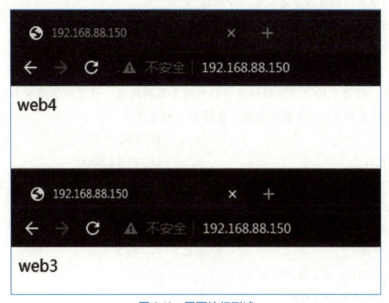

图6.19　网页访问测试

只有当访问量大时，才会出现图6.19所示的访问结果。

查看并统计IPVS模块的转发情况，具体命令如下所示。

```
[root@drlb ~]# ipvsadm -Ln --stats --rate
IP Virtual Server version 1.2.1 (size=4096)
Prot LocalAddress:Port            Conns    InPkts   OutPkts   InBytes   OutBytes
  -> RemoteAddress:Port
TCP  192.168.88.150:80              18       197        0      46191         0
  -> 192.168.88.130:80                9        59        0       6810         0
  -> 192.168.88.131:80                9       138        0      39381         0
```

至此，LVS-DR模式集群配置部署完成。

小　　结

本章学习了四层负载均衡的代表软件LVS的简介和四种工作模式。其中NAT模式和DR模式较为重要，这两种模式的工作原理希望读者可以梳理清楚。本章内容可结合第1章讲解的负载均衡算法进一步理解学习，其中比较重要的是轮询法、加权轮询法、最小连接法、加权最小连接法，其他算法做了解即可。

习 题

一、填空题

1. LVS 是一款虚拟的_____。
2. LVS 可以在_____、_____、_____工作，应用范围比较广。
3. LVS 集群的体系结构可以分为三层，分别为_____、_____、_____。
4. LVS 重要的内核模块和管理工具是_____、_____。
5. LVS 有四种工作模式，分别是_____模式、_____模式、_____模式及_____模式。

二、选择题

1. 下列选项中，将请求的目标地址转换为后端服务器的地址，并且所有流量都将经过负载均衡服务器，后端服务器网关都应指向负载均衡服务器的 LVS 模式是（　　）。

    A. NAT B. DR
    C. TUN-IP D. FULLNAT

2. 下列选项中，四层负载均衡是按照 IP 地址和（　　）进行虚拟连接的交换，直接将数据包发送到目的计算机的相应端口中。

    A. UDP 端口 B. FTP 端口
    C. HTTP 端口 D. TCP 端口

3. 下列不是 LVS-TUN 模式特点的是（　　）。

    A. RS 的网关不会指向 DIP
    B. 所有请求报文经过 DS，而响应报文不会经过 DS
    C. 支持端口映射
    D. RS 的系统需要支持隧道功能

4. LVS 的默认算法是（　　）。

    A. 轮询法 B. 加权轮询法
    C. 最小连接法 D. 加权最小连接法

5. 下列选项中，在 ipvsadm 命令中表示 NAT 模式的参数为（　　）。

    A. m B. n C. g D. a

三、简答题

1. 简述四层负载均衡。
2. 简述 LVS 的四种工作模式及其特点。
3. 简述 LVS 负载均衡的五种调度算法（任意五种即可）。

四、操作题

使用虚拟机或后端服务器搭建 LVS-DR 模式集群，至少配置两台后端服务器。

第 7 章

HAProxy 七层负载集群

学习目标

◎ 熟悉 HAProxy 的特点。
◎ 熟悉 HAProxy 配置文件的内容。
◎ 掌握 HAProxy 七层负载集群的搭建方式。
◎ 了解 HAProxy 的日志配置策略。

第6章介绍的四层负载均衡技术主要是基于"IP+端口"的方式进行负载均衡,对所有请求一视同仁,并按照指定算法进行调度。但是,不断发展的业务需求需要更加智能化的负载均衡技术。因此,现在的网站在OSI参考模型的基础上创新了七层负载均衡技术,可以对用户的请求进行智能分类,然后将其交由对应的集群进行处理,以提高效率,同时实现系统的"人性化"。本章将介绍七层负载均衡技术HAProxy,以及该技术在实际中的应用。

7.1 HAProxy 简 介

HAproxy是一款高性能的负载均衡应用,通过查看HAProxy的官方文档,HAProxy每秒可以支持数百万并发连接和数十万的HTTP请求,这意味着HAProxy可以轻松处理万级并发连接的负载均衡需求。因此与Nginx相比在负载均衡方面做得更好、更专业。

7.1.1 HAProxy 概念

HAProxy是一款由C语言开发,基于TCP(第四层)和HTTP(第七层)应用的负载均衡软件,与LVS一样,是一个专业的高性能负载均衡,并且是免费、快速、可靠的一种解决高负载的方案。HAProxy特别适用于负载特别大的Web站点,最高极限支持10 Gbit/s的并发,可靠性和稳定性非常好,可以与硬件级的负载均衡设备F5相媲美。

用户访问网站时后端服务器会生成Session用来存储用户信息。HAProxy有三种方式保持客户端和服务端Session的亲缘性,具体如下所示。

1. 用户 IP 识别

HAProxy将用户IP经过Hash算法计算后固定到后端服务器上。

2. Cookie 识别

HAProxy将Web服务器的IP地址发送到客户端的Cookie中，然后在客户端的Cookie中插入HAProxy定义的后端服务器的Cookie ID。

3. Session 识别

HAProxy将后端服务器产生的Session和后端服务器标识存储在表中，客户端请求时会根据该表信息来确认客户端身份。

7.1.2 HAProxy 的特点

HAProxy的优势如下所示。
◎ 免费开源，支持TCP、HTTP两种协议层的负载均衡，具备较强的稳定性和可靠性。
◎ 支持多种负载均衡算法，基本能够满足各种常见需求。
◎ 支持事件驱动的链接处理模式与单进程处理模式，性能较高。
◎ 提供监控页面，能够实时了解系统状态。
◎ 具备强大的ACL（访问控制列表）支持，方便用户进行访问控制。

上述提到了HAProxy是基于单进程模式进行处理的，实际上，HAProxy的处理模式不仅有单进程，还有多线程处理模式。这两种模式的区别见表7.1。

表 7.1 模式对比

处理模式	说明
单进程	所有客户端连接全部都由同一个服务进程来处理，目标就是等待连接，来一个分配一个，主要消耗 CPU
多线程	多线程模式消耗内存，会限制并发而且多线程需要进程间通信，也会消耗相当多的 CPU 资源

七层负载均衡和四层负载均衡最主要的区别是，七层负载均衡可以获得客户请求的HTTP头部信息。HTTP请求头信息包含用户访问的IP、HTTP请求类型（如GET、POST等）、域名主机地址、浏览器的类型以及请求的URL明细等。七层负载均衡的工作原理也是根据HTTP请求头进行判断和转发。HAProxy七层负载均衡的原理架构如图7.1所示。

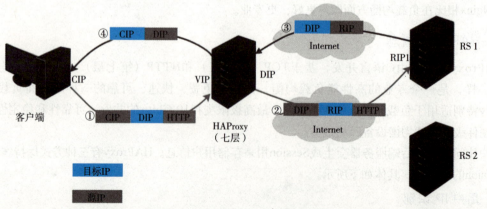

图 7.1 HAProxy 七层负载原理架构

由图7.1可知，HAProxy的工作原理主要有以下四步。

①客户端将请求发送到负载均衡器，此时请求报文源地址是CIP，目标地址并不是DIP+IP端口，而是URL。

②负载均衡器收到报文后，会自动代替客户端与RS建立TCP连接，报文的源地址为DIP，将客户端请求报文的目标IP地址修改为后端服务器的RIP地址，并且还有不变的目标URL。

③请求报文发送到后端服务器后，由于报文的目标地址是后端服务器，所以会响应该请求，并将响应报文返还给负载均衡器。

④由负载均衡器将此报文重新打包，然后将源地址修改为CIP地址并发送给客户端。

简而言之，HAProxy七层负载能够获取应用层HTTP的请求内容。HAProxy作为七层负载均衡的应用场景有以下几种。

◎ 由于HAProxy七层负载是在应用层，那么只能作为Tomcat、PHP等Web服务器的负载均衡。

◎ HAProxy七层负载支持虚拟主机功能，即可以通过请求域名对后端服务器就近访问。比如，客户端访问RS1域名时，请求会被转发至RS1服务器；客户端访问RS2域名，请求会被转发至RS2服务器。

◎ HAProxy七层负载可以根据URL进行请求转发，比如，客户端请求访问的URL中包含A目录，该请求则会发送至A服务器；客户端请求访问的URL中包含B目录，该请求则会发送至B服务器。

◎ HAProxy七层负载可以根据浏览器类型进行请求转发，比如，客户端使用火狐浏览器请求，该请求则会发送至A服务器；客户端使用谷歌浏览器请求，该请求则会发送至B服务器。

7.1.3 负载均衡的性能对比

LVS、Nginx和HAProxy是目前企业集群中最常用的三种负载均衡软件，也是本书讲解的重点。负载均衡的选用与企业规模息息相关，大型网站或高并发的业务，建议优先考虑LVS；中小型的Web业务，建议优先选用Nginx和HAProxy。不同负载均衡支持的并发级别见表7.2。

表 7.2 负载均衡性能对比

负载均衡类型	支持并发数
Tomcat	1 000
Apache	3 000~5 000
IIS	5 000~10 000
七层（Nginx、HAProxy、SLB）	20 000~50 000
四层（Nginx、HAProxy）	100 000~500 000
LVS-NAT 模式	500 000~1 00 000
LVS-DR 模式	1 000 000~4 000 000
硬件负载均衡（F5、Netscaler）	4 000 000~8 000 000

7.2 HAProxy 配置文件解析

HAProxy的安装非常简单，当通过yum源下载HAProxy软件时，其配置文件的默认路径为/etc/haproxy/haproxy.cfg。HAProxy的默认基本配置包含四部分，分别为global、defaults、frontend和backend，每部分的配置指令需要缩进。这四部分的功能和用途如下。

1. global

global配置位于文件的前边部分，表示全局配置，通常用于设定与操作系统配置、进程管理、安全相关的全局配置参数，属于进程级的配置。global部分默认的配置代码如下所示。

```
global
    log         127.0.0.1 local2
    chroot      /var/lib/haproxy
    pidfile     /var/run/haproxy.pid
    maxconn     4000
    user        haproxy
    group       haproxy
    daemon
```

上述代码中每个选项的含义如下所示。

◎ log：全局的日志配置。能够指定日志的输出地址和级别，如使用127.0.0.1上rsyslog服务中的local2日志设备。

◎ chroot：指定HAProxy进程在启动时使用的根目录。

◎ pidfile：设置HAProxy进程的pid文件路径。

◎ maxconn：设定每个HAProxy进程的最大连接数。

◎ user/group：指定HAProxy进程的用户和组。

◎ daemon：设置HAProxy以守护进程的方式在后台运行。

2. defaults

该部分表示默认配置，用于为后续的配置部分设置公用的默认值。换句话说，此处的参数值，将会自动引用到后续的frontent、backend以及listen部分中。defaults部分默认的配置代码如下所示。

```
defaults
    mode                    http
    log                     global
    option                  httplog
    option                  dontlognull
    option                  http-server-close
    option                  forwardfor      except 127.0.0.0/8
    option                  redispatch
    retries                 3
    timeout http-request    10s
    timeout queue           1m
    timeout connect         10s
    timeout client          1m
    timeout server          1m
    timeout http-keep-alive 10s
    timeout check           10s
    maxconn                 3000
```

上述代码中主要选项的含义如下所示。

◎ mode：设置HAProxy实例的运行模式，可选HTTP或TCP模式。

◎ option：设置为httplog参数，表示日志类别为HTTP日志类型；设置为dontlognull参数，表示不记录健康检查日志信息；设置为redispatch参数，表示故障转移，与后端服务器会话失败后，将会话转移至其他健康机器。

◎ option http-server-close：表示当客户端超时保持长连接时，服务器主动断开连接。

◎ option forwardfor：可在HTTP Header中配置参数，使得后端服务器获取客户端IP地址。

◎ retries：设置与后端服务器尝试连接的最大次数，超过此值则认定该后端服务器不可用。

◎ timeout http-request：当客户端发起连接但不请求数据时，关闭客户端连接。

◎ timeout queue：等待的最大时长。

◎ timeout connect：设置将客户端请求转发至后端服务器所需要等待的超时时长。

◎ timeout client：客户端非活动时连接的超时时间。

◎ timeout server：服务器非活动时回应客户端连接的超时时间。

◎ timeout http-keep-alive：设置新的http请求连接建立的最大超时时间。

◎ timeout check：设置对后端服务器的健康检测的超时时间。

◎ maxconn：最大并发连接数。

3. frontend

该部分表示前端部分，用于设置客户端可以连接的IP地址和端口。frontend部分可以依据ACL规则指定后端backend。frontend部分默认的配置代码如下所示。

```
frontend  main *:5000
    acl url_static        path_beg   -i /static /images /javascript /stylesheets
    acl url_static        path_end   -i .jpg .gif .png .css .js
    use_backend static    if url_static
    default_backend       app
```

上述代码中定义了名为url_static的ACL规则以及use_backend参数。第1条规则名字为url_static，使用path_beg方法定义了当客户端在请求的URL中以/static、/images、/javascript、/stylesheets路径开头时，返回TRUE；第2条规则名字同样为url_static，使用path_end方法定义了当客户端在请求的URL中以.jpg、.gif、.png、.css、.js结尾时，返回TRUE。

ACL规则常在frontend部分中被使用，帮助HAProxy实现了两种主要的功能，如下所示。

①通过使用ACL规则可检查客户端的请求是否合法，若符合ACL规则，则放行，否则直接中断请求。

②符合ACL规则的请求将被转发至后端服务器，实现基于ACL规则的负载均衡。

ACL规则的使用格式如下所示。

```
acl 自定义的ACL名称 acl方法 -i [匹配的路径或文件]
```

其中，acl关键字表示由此开始定义ACL规则；acl方法表示实现ACL的方法，常用的有path_beg、path_end、url_sub、url_dir、hdr_reg(host)、hdr_dom(host)、hdr_beg(host)；-i参数表示不区分大小写。与acl规则搭配使用的还有use_backend关键字和default_backend关键字，在应用过程中关键字后面需要添加backend实例名。use_backend的意义是满足ACL规则的请求，使用指定的后端backend；default_backend

的意义是若不满足ACL规则默认使用的后端backend。

4. backend

该部分表示后端部分，用于配置后端服务器集群，以响应前端用户请求。一个backend部分可添加一个或多个后端服务器。backend部分默认的配置代码如下所示。

```
backend static
    balance     roundrobin
    server      static 127.0.0.1:4331 check
backend app
    balance     roundrobin
    server      app1 127.0.0.1:5001 check
    server      app2 127.0.0.1:5002 check
    server      app3 127.0.0.1:5003 check
    server      app4 127.0.0.1:5004 check
```

上述代码中主要选项的含义如下所示。

①balance：设置负载均衡的算法。HAProxy支持多种负载均衡算法，常用算法如下所示。

◎ roundrobin：基于权重的轮询调度算法，是最简单、最常用、最公平、最合理的调度算法之一。

◎ source：基于请求源IP的调度算法。此算法能够使同一客户端IP每次都访问同一服务器。

◎ static-rr：基于权重进行轮询的调度算法，属于静态方法。

◎ leastconn：指最小连接数算法。使用此算法后，新的请求会被发送至当前连接数最小的后端节点，适用于长时间的会话请求，如数据库负载均衡器。

◎ uri：此算法根据请求的部分或整个URI进行hash运算，然后与服务器的总权重相除，最后匹配并发送至后端服务器。

◎ uri_param：表示根据请求的URL参数进行转发，使得同一用户的请求可以发送至同一台后端节点。

◎ hdr(<name>)：此算法根据HTTP请求头对HTTP请求进行锁定以及转发。

②server：定义多台后端服务器，不可定义在defaults和frontend中。server的使用格式如下所示。

```
server <name> <address>[:port] [param*]
```

上述代码中，各个参数的含义如下所示。

◎ <name>：为后端服务器自定义一个内部名称。

◎ <address>：后端服务器的IP地址或者主机名。

◎ [:port]：指定后端服务器提供服务的端口，即提供连接的目标端口。

◎ [param*]：为后端服务器设定的参数，如check、inter、cookie等。

除此之外，还有一个配置部分——listen部分，表示监听部分，结合了前端和后端功能。在目前的HAProxy中，两种方式任选其一即可。

listen部分的配置代码如下所示。

```
listen status
    bind 0.0.0.0:1080
    mode http
```

```
log global
stats refresh 30s
stats uri /admin?stats
stats realm Private lands
stats auth admin:password
stats hide-version
```

上述代码中主要选项的含义如下所示。

①bind：监听的端口。

②stats refresh：监控页面刷新的间隔时间。

③stats uri：监控页面的URL。

④stats realm：监控页面的提示信息。

⑤stats auth：监控页面的用户和密码。

⑥stats hide-version：隐藏统计页面上的HAproxy版本信息。

7.3 HAProxy 七层负载集群实战案例

7.3.1 环境准备

本节之前介绍了HAProxy的相关知识，下面通过一个实战案例演示HAProxy的使用方法。准备三台虚拟机（或者物理服务器），一台作为HAProxy负载均衡器（haproxy），两台作为Web集群，具体见表7.3。

表 7.3 服务器构成

服务器角色	IP 地址	服务	配置
haproxy	192.168.99.132	HAproxy	1核1G
web1	192.168.99.130	Apache	1核1G
web2	192.168.99.131	Apache	1核1G
client	192.168.99.140	无	1核1G

7.3.2 拓扑结构

HAProxy负载均衡实验拓扑结构如图7.2所示。

如图7.2所示，客户端发出的请求首先经过HAproxy的判断，然后根据判断结果分发到相应的后端服务器。

7.3.3 搭建部署

分别在四台服务器的/etc/hosts文件中配置域名解析。

```
192.168.99.132 haproxy
192.168.99.130 web1
192.168.99.131 web2
```

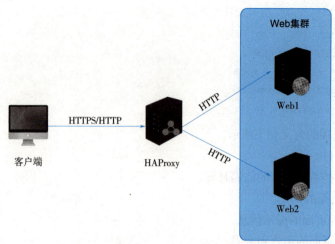

图 7.2 实验拓扑结构

域名解析配置完成后，可以使用ping命令进行检测，若返回结果正常，则说明解析成功。为了便于读者观察实验操作对象，这里分别将服务器的主机名修改为haproxy、web1、web2。

为了保证各服务器的时间一致，需要对所有服务器进行时间校对。

```
[root@localhost ~]# ntpdate -u 120.25.108.11
```

查看操作系统及内核版本，具体命令如下所示。

```
[root@localhost ~]# cat /etc/redhat-release
centos Linux release 7.6.1810 (Core)
[root@localhost ~]# uname -r
3.10.0-957.el7.x86_64
[root@localhost ~]# uname -m
x86_64
```

1. 部署 web 集群

分别为提供网站服务的服务器web1及web2创建测试页面，以便后续观察HAProxy的调度结果，具体命令如下所示。

```
//web1
[root@web1 ~]# yum -y install httpd
……安装过程省略……
Installed:
  httpd.x86_64 0:2.4.6-97.el7.CentOS.4

Dependency Installed:
  apr.x86_64 0:1.4.8-7.el7
  apr-util.x86_64 0:1.5.2-6.el7
  httpd-tools.x86_64 0:2.4.6-97.el7.CentOS.4
  mailcap.noarch 0:2.1.41-2.el7


Complete!
```

```
[root@web1 ~]# systemctl start httpd
[root@web1 ~]# systemctl enable httpd
[root@web1 ~]# echo web1 > /var/www/html/index.html
//web2
[root@web2 ~]# yum -y install httpd
[root@web2 ~]# systemctl start httpd
[root@web2 ~]# systemctl enable httpd
[root@web2 ~]# echo web2 > /var/www/html/index.html
```

2. 部署 HAProxy 负载均衡

在负载均衡器上安装HAproxy软件，该软件可以通过自配HAproxy yum源的方式下载安装，也可以从EPEL源中获取，本实验采用第二种方式。

首先在服务器上安装EPEL源，具体命令如下所示。

```
[root@haproxy ~]# yum -y install epel-release
```

EPEL源安装完成后，可以使用ls命令查看服务器现有源，若出现epel.repo，说明EPEL源成功安装。接下来使用yum命令获取HAProxy，具体命令如下所示。

```
[root@haproxy ~]# yum -y install haproxy
……省略安装过程……
Installed:
  haproxy.x86_64 0:1.5.18-9.el7_9.1


Complete!
```

安装HAProxy后，在配置文件/etc/haproxy/haproxy.cfg中修改参数。修改后的配置文件主要内容如下所示。

```
global                                          #全局配置
    log 127.0.0.1 local3 info                   #日志配置
    maxconn 4096                                #最大连接限制（优先级低）
        uid nobody
#       uid 99
        gid nobody
#       gid 99
    daemon
    nbproc 1                                    #处理HAProxy进程的数量
defaults
    log         global
    mode        http
    maxconn     2048
    retries     3
    option redispatch
    stats uri   /haproxy                        #设计统计页面的URI为/haproxy
    stats auth  qianfeng:123                    #设置统计页面认证的用户与密码
```

```
#   stats hide-version                      #隐藏统计页面上的HAProxy版本信息
    contimeout          5000                #重传计时器
    clitimeout          50000               #向后长连接
    srvtimeout          50000               #向前长连接
#   timeout connect     5000
#   timeout client      50000
#   timeout server      50000

frontend http-in
    bind 0.0.0.0:80
    mode http                               #定义为HTTP模式
    log global                              #继承global中log的定义
    option httplog                          #启用日志记录HTTP请求
    option httpclose        #每次请求完毕后主动关闭http通道，HAproxy不支持keep-alive模式
    acl html url_reg  -i  \.html$
    use_backend html-server if  html
    default_backend html-server

backend html-server
    mode http
    balance roundrobin
    option httpchk GET /index.html
    cookie SERVERID insert indirect nocache
    server html-A web1:80 weight 1 cookie 3 check inter 2000 rise 2 fall 5
    server html-B web2:80 weight 1 cookie 4 check inter 2000 rise 2 fall 5
```

配置完成后启动HAProxy，具体命令如下所示。

```
[root@haproxy ~]# systemctl start haproxy
```

3. 客户端测试

在之前准备用作客户端的服务器上安装网页测试工具Elinks，再进行访问，具体命令如下所示。

```
[root@qfedu ~]# yum -y install elinks
[root@qfedu ~]# elinks --dump 192.168.99.132
   web1
[root@qfedu ~]# elinks --dump 192.168.99.132
   web2
[root@qfedu ~]# elinks --dump 192.168.99.132
   web1
[root@qfedu ~]# elinks --dump 192.168.99.132
   web2
[root@qfedu ~]# elinks --dump 192.168.99.132
   web1
[root@qfedu ~]# elinks --dump 192.168.99.132
   web2
```

使用Windows浏览器进行访问，具体如图7.3所示。

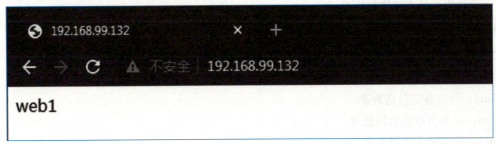

图 7.3　访问测试页面

由图7.3可知，刷新页面只能看到同一个页面，这是因为Windows浏览器自带缓存功能。若想在Windows浏览器中观察到明显的实验结果，可以在浏览器设置中禁用缓存功能。

4. HAProxy 监控平台

HAProxy拥有一个基于Web的监控平台，这一功能为及时性要求很高的业务提供了便利，当服务中断或者主机故障后，可及时通知管理员。

使用客户端浏览器访问http://haproxy IP/haproxy即可通过Web可视化界面查看HAproxy的当前状态，如图7.4所示。

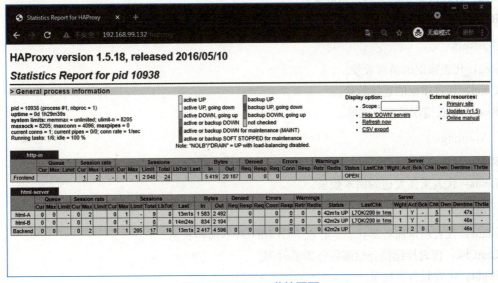

图 7.4　HAProxy 监控页面

HAProxy的Web监控页面提供了直观的故障信息展示，不同颜色的显示方式可以区分故障的严重程度。同时，表格展示了每项资源的监控参数，并且可以根据八个类别进行划分，具体如下所示。

（1）Queue

◎ Cur：代表当前队列的请求数量。
◎ Max：代表当前队列的最大请求数量。
◎ Limit：代表当前队列的限制数量。

（2）Session rate

◎ Cur：代表每秒会话连接数量。
◎ Max：代表每秒最大会话量。
◎ Limit：代表每秒会话量的限制值。

（3）Sessions

◎ Total：代表全部会话数量。
◎ Curl：代表当前的会话数量。
◎ Max：代表最大会话数量。
◎ Limit：代表会话连接限制。
◎ LbTot：代表选中一台服务器所用的总时间。
◎ Last：代表最后一次会话时间。

（4）Bytes

◎ In：代表网络会话输入字节数总量。
◎ Out：代表网络会话输出字节数总量。

（5）Denied

◎ Req：代表被拒绝的会话请求数量。
◎ Resp：代表拒绝回应的请求数量。

（6）Errors

◎ Req：代表错误的请求数量。
◎ Conn：代表错误的连接数量。
◎ Resp：代表错误的响应数量。

（7）Warnings

◎ Retr：代表重新尝试连接的请求数量。
◎ Redis：代表重新发送的请求数量。

（8）Server

◎ status：代表后端服务器状态，存在有UP和DOWN两种状态。
◎ LastChk：代表持续检查后端服务器的时间。
◎ Wght：代表服务器权重。
◎ Act：代表活动后端服务器数量。
◎ Bck：代表后端备份服务器的数量。
◎ Down：代表状态为Down的后端服务器数量。
◎ Downtime：代表服务器总的Downtime时间。
◎ Throttle：代表状态Backup变为Active的服务器数量。

从HAproxy状态页面可以查看该软件的进程号、运行时间、系统最大连接数、当前连接数、运行中的任务及系统的空闲度等参数，甚至可以查看当前后端服务器的实时状况。在生产环境中，管理员可通过该页面随时查看服务器的状况，及时发现、修复异常。

7.4 HAProxy 日志配置策略

由于HAProxy服务节省读写I/O消耗的性能，使得在默认情况下，HAProxy没有配置日志功能。运维人员为了更加方便地维护和调试HAProxy，需要配置HAProxy日志的输出功能。本书使用的是CentOS 7系统，其默认的日志管理工具是rsyslog。rsyslog能够实现UDP日志的接收，日志写入文件，以及日志写入数据库等功能。下面介绍HAProxy日志的配置策略。

查看系统中是否已经安装rsyslog软件包，具体命令如下所示。

```
[root@haproxy ~]# rpm -qa rsyslog
rsyslog-8.24.0-34.el7.x86_64
```

修改rsyslog的配置文件，具体命令如下所示。

```
[root@haproxy ~]# vim /etc/rsyslog.conf
# Provides UDP syslog reception
$ModLoad imudp
$UDPServerRun 514
local2.*   /var/log/haproxy.log
```

上述代码中，指定了一种日志类型，以及日志的输出类型。第一行的imudp模块表示支持UDP协议；第二行代码表示使用514端口监听UDP，接收通过UDP和TCP协议转发的日志。

修改/etc/sysconfig/rsyslog文件，具体命令如下所示。

```
[root@haproxy ~]# vim /etc/sysconfig/rsyslog
# Options for rsyslogd
# Syslogd options are deprecated since rsyslog v3.
# If you want to use them, switch to compatibility mode 2 by "-c 2"
# See rsyslogd(8) for more details
SYSLOGD_OPTIONS="-c 4 -r -m 0"
```

上述代码中的参数含义如下所示。

◎ -c：表示指定rsyslog的版本号。

◎ -r：表示监控514端口，接收远程日志消息。

◎ -m：表示修改syslog的内部消息的写入间隔时间（0表示关闭）。

默认情况下，rsyslog服务是开机自启的，修改完配置文件需要重新启动rsyslog，具体如下所示。

```
[root@haproxy ~]# systemctl restart rsyslog
```

若要实现将HAProxy的日志写入相应的日志文件中，还需要在HAProxy的配置文件中进行对应的说明，比如7.3节案例中HAProxy的配置文件，具体命令如下所示。

```
global
    log 127.0.0.1 local2 info        #配置日志记录
    maxconn 4096
        uid nobody
#       uid 99
        gid nobody
```

```
#            gid     99
    daemon
    nbproc  1
defaults
    log             global                              #配置日志记录
    mode            http
    maxconn         2048
    retries         3
    option redispatch
    stats uri       /haproxy
    stats auth      qianfeng:123
#   stats hide-version
    contimeout      5000
    clitimeout      50000
    srvtimeout      50000
#   timeout connect 5000
#   timeout client  50000
#   timeout server  50000

frontend http-in
    bind 0.0.0.0:80
    mode http
    log global                                          #配置日志记录
    option httplog
    option httpclose
      acl html url_reg  -i  \.html$
      use_backend html-server if   html
      default_backend html-server

backend html-server
    mode http
    balance roundrobin
    option httpchk GET /index.html
    cookie SERVERID insert indirect nocache
    server html-A web1:80 weight 1 cookie 3 check inter 2000 rise 2 fall 5
    server html-B web2:80 weight 1 cookie 4 check inter 2000 rise 2 fall 5
```

使用浏览器或者其他客户端访问HAProxy负载均衡器，然后查看日志，具体命令如下所示。

```
[root@haproxy ~]# cat /var/log/haproxy.log
2022-04-01T10:51:33+08:00 localhost haproxy[12264]: 192.168.99.1:62283 [01/Apr/2022:10:51:33.225] http-in html-server/html-A 0/0/0/2/2 304 141 - - --VN 0/0/0/0/0 0/0 "GET / HTTP/1.1"
2022-04-01T10:51:33+08:00 localhost haproxy[12264]: 192.168.99.1:62283 [01/
```

```
Apr/2022:10:51:33.225] http-in html-server/html-A 0/0/0/2/2 304 141 - - --VN
0/0/0/0/0 0/0 "GET / HTTP/1.1"
    2022-04-01T15:05:11+08:00 localhost haproxy[12264]: 192.168.99.140:49652 [01/
Apr/2022:15:05:11.113] http-in html-server/html-A 0/0/0/1/1 200 263 - - --NI
0/0/0/0/0 0/0 "GET / HTTP/1.1"
    2022-04-01T15:05:11+08:00 localhost haproxy[12264]: 192.168.99.140:49652 [01/
Apr/2022:15:05:11.113] http-in html-server/html-A 0/0/0/1/1 200 263 - - --NI
0/0/0/0/0 0/0 "GET / HTTP/1.1"
```

由上述结果可知，通过查看HAProxy日志掌握HAProxy的访问情况。还可通过查看messages文件，查看日志信息，具体命令如下所示。

```
[root@haproxy ~]# tail -f /var/log/messages
Apr  1 14:04:58 haproxy systemd: Stopping System Logging Service...
Apr  1 14:04:58 haproxy rsyslogd: [origin software="rsyslogd"
swVersion="8.24.0-34.el7" x-pid="12266" x-info="http://www.rsyslog.com"] exiting on
signal 15.
Apr  1 14:04:58 haproxy systemd: Stopped System Logging Service.
Apr  1 14:04:58 haproxy systemd: Starting System Logging Service...
Apr  1 14:04:58 haproxy rsyslogd: [origin software="rsyslogd"
swVersion="8.24.0-34.el7" x-pid="12411" x-info="http://www.rsyslog.com"] start
Apr  1 14:04:58 haproxy rsyslogd: module 'imudp' already in this config, cannot
be added  [v8.24.0-34.el7 try http://www.rsyslog.com/e/2221 ]
Apr  1 14:04:58 haproxy systemd: Started System Logging Service.
Apr  1 15:01:01 haproxy systemd: Started Session 158 of user root.
Apr  1 15:05:11 localhost haproxy[12264]: 192.168.99.140:49652 [01/Apr/2022:15:
05:11.113] http-in html-server/html-A 0/0/0/1/1 200 263 - - --NI 0/0/0/0/0 0/0
"GET / HTTP/1.1"
Apr  1 15:05:11 localhost haproxy[12264]: 192.168.99.140:49652 [01/Apr/2022:15:
05:11.113] http-in html-server/html-A 0/0/0/1/1 200 263 - - --NI 0/0/0/0/0 0/0
"GET / HTTP/1.1"
```

小　　结

本章讲解了HAProxy实现七层负载均衡的原理与方式。通过本章的学习，读者首先能了解到HAProxy的概念、特点，其次了解HAProxy在网站架构中的位置及重要性，以及熟悉HAProxy配置负载均衡的方式，最后掌握HAProxy日志配置策略。"不积跬步，无以至千里，不积小流，无以成江海"，读者在学习本书实战案例时，需要循序渐进，掌握部署集群的关键，最后才能以宏观的角度，部署大规模集群。

习 题

一、填空题

1. 负载均衡软件 HAProxy 拥有一个功能出色的_____页面，可以实时了解系统的当前状况。
2. HAProxy 是一款由 C 语言开发，基于_____和_____应用的负载均衡软件。
3. HAProxy 的处理模式不仅有_____，还有_____处理模式。
4. 负载均衡的选用与企业规模息息相关，大型网站或并发大的业务，优先考虑_____；中小型的 Web 业务，优先选用_____和_____；云端上的业务可考虑选用_____负载均衡。
5. HAProxy 的默认基本配置包含四个部分，分别为_____、_____、_____和_____。

二、选择题

1. 下列选项中，属于 HAProxy 保持客户端和服务端 Session 的亲缘性方式的有（   ）。
   A. 用户 IP 识别　　　　　　　　　　　B. Cookie 识别
   C. Session 识别　　　　　　　　　　　D. 以上都是
2. 下列对 HAProxy 负载均衡描述不正确的是（   ）。
   A. HAProxy 七层负载支持虚拟主机功能
   B. HAProxy 七层负载可以根据 URL 进行请求转发
   C. HAProxy 只能做七层负载均衡
   D. HAProxy 七层负载可以根据浏览器类型进行请求转发
3. 下列选项中，option http-server-close 的含义是（   ）。
   A. 表示当客户端超时保持长连接时，服务器主动断开连接
   B. 当客户端发起连接但不请求数据时，关闭客户端连接
   C. 设置将客户端请求转发至后端服务器所需要等待的超时时长
   D. 设置新的 http 请求连接建立的最大超时时间
4. 下列选项中，ACL 规则常在 HAProxy 配置文件的（   ）部分被使用。
   A. global　　　　　　　　　　　　　　B. frontend
   C. defaults　　　　　　　　　　　　　D. backend
5. 下列选项中，HAProxy 配置文件的（   ）部分位于配置文件的顶部，表示全局配置，用于设定全局配置参数，一般与操作系统配置、进程管理、安全相关，属于进程级的配置。
   A. global　　　　　　　　　　　　　　B. frontend
   C. defaults　　　　　　　　　　　　　D. backend

三、简答题

1. 简述 HAProxy 的优势。
2. 简述 HAProxy 的工作原理。
3. 假设 HAProxy 后端有两台 PHP 服务器 A 和 B，网站通过匹配 URL 的方式，将开头为 Login 的请求转发到服务器 A 的 8080 端口；以 .png 和 .jpg 结尾的请求转发到服务器 B 的 80 端口，并指定网站

的根目录为 /appe/webroot/static/。根据以上要求简单编写 HAProxy 匹配转发规则。

四、操作题

在 7.3 节 HAProxy 负载均衡配置实例的基础上，增加两台服务器，实现网站的动态分离。实验拓扑结构如图 7.5 所示。

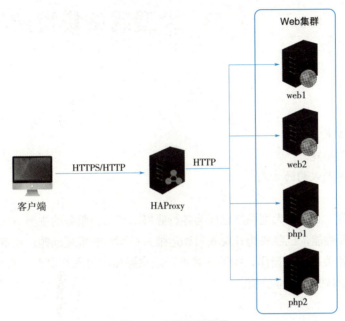

图 7.5 实验拓扑结构

要求：当用户的请求到达网站之后，首先由 HAProxy 进行判断，若请求为静态请求，则按照轮询算法将其分发至 web1 或 web2；若请求为动态请求，则按照轮询算法将其分发至 php1 或 php2。

第 8 章

大型网站集群架构项目一

学习目标

◎ 熟悉网站优化方式。
◎ 熟悉分布式集群搭建。
◎ 掌握搭建完整网站架构的方式。

在当今互联网时代,高并发大型网站已成为各行业展示产品、服务的主要方式之一。如何提升网站的并发能力、稳定性和性能,已经成为开发人员和运维人员面临的重要问题。本章将深入介绍网站优化和分布式集群搭建的相关技术和操作,帮助读者更好地掌握和应用高并发大型网站的常用配置和操作,进一步提升网站的用户体验和商业价值。

8.1 项目准备

8.1.1 项目分析

本章主要内容是基于一个综合项目对全书内容进行总结。本章将回顾本书的重点知识,包括Web集群、数据库集群、LVS四层负载、Nginx七层负载等,以期将已学技术融会贯通,帮助读者在技术上实现质的飞跃。

企业中常见的网站集群架构逻辑图如图8.1所示。

集群架构的选择和构建需要根据实际应用场景和业务需求进行规划,管理者应主要考虑以下指标。

① 网站业务类型对带宽需求的影响。
② 页面访问量对服务器数量和配置的影响。
③ 数据量大小对集群规模的影响。

在计算数据量大小时需要考虑已有数据量、产生的数据量以及日增数据量等因素,并根据存储需求确定集群节点数量。最后,根据实际需求搭建集群架构,考虑集群的冗余灾备能力以及可扩展、可延展性,从而确定集群的节点类型,例如MySQL集群的主主复制或主从复制以及Keepalived的单主模式或双主模式等。

8.1.2 项目说明

本案例旨在演示如何按照图8.1所示的架构图,搭建一个功能完备的网站集群,使得用户可以通过

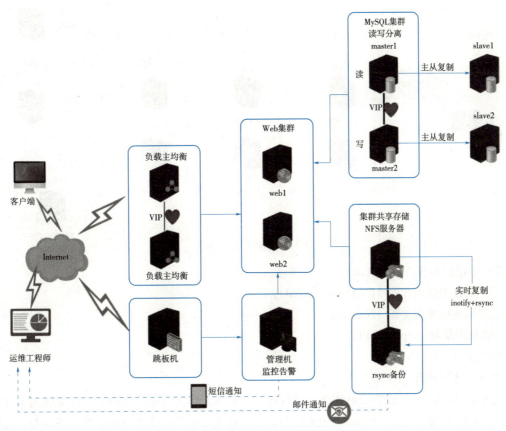

图 8.1　企业中常见的网站集群架构逻辑图

网络对网站的资源进行访问。具体而言，客户端的用户可以通过访问以下网址来访问LeadShop（企业上线的业务或项目）网站。

http://www.leadshop.com

http://bbs.leadshop.com

这些请求会被hosts文件中的解析转发至LVS前端负载调度器，接着四层负载均衡根据IP和端口将请求进行合理分发。随后，七层负载均衡器Nginx会根据用户请求类型不同，再次将用户请求向Web服务器分发。这里在使用Apache的Web服务器上分别部署了LeadShop（企业上线的业务或项目）虚拟主机网站内容。当用户更新商品信息、上架商品等内容时，数据通过Web服务写入MySQL数据库。而当用户上传商品图片、视频、附件头像等文件时，这些数据则会通过Web服务传到共享存储NFS服务器上，而非存储到Web服务器上。

此外，为保证整个集群的稳定性和可靠性，必须对所有服务器时间进行同步，并对重要数据进行定时备份。具体来说，对数据库做了主从复制和读写分离的备份策略。最后，为LVS和Nginx配置高可用性，实现宕机后由备机自动接管服务的目标。

8.1.3　项目设计

首先按照网站技术发展的顺序，将网站的架构建设完整。完整的网站架构图如图8.2所示。

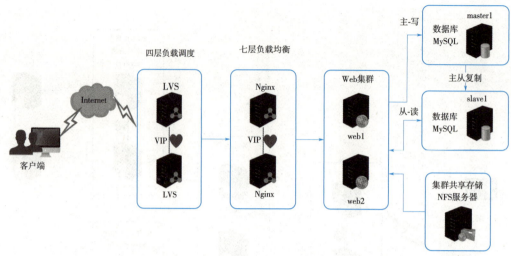

图 8.2 集群网站架构图

该架构中用到的服务器及技术解释如下所示。
◎ 四层负载均衡调度器（LVS+Keepalived）。
◎ 七层负载均衡调度器（Nginx）。
◎ Web应用集群（Apache+PHP）。
◎ 数据库服务器（MySQL）。
◎ 共享存储服务器（NFS）。

本项目中同时使用LVS和Nginx作为负载均衡器。LVS工作在网络的第四层，仅完成请求分发，因为其稳定性和转发效率更高。Nginx在中间环节，不但避免了流量过度集中导致的瓶颈问题，还减少了后端的服务压力，甚至可以实现业务切换、分流、前置缓存等功能。

8.1.4 项目实施

任何一个大型网站集群都是由中小型网站集群发展而来的。为了让读者更直观地体会这个过程，该项目首先以LAMP架构为基础搭建小型网站集群，并上线LeadShop系统。然后对LeadShop网站进行架构的升级，配置四、七层负载均衡器改善网站性能并为数据库配置主从复制功能。

要完成图8.2中的网站架构部署，至少需要准备8台可用的服务器。本案例的实验环境具体见表8.1。

表 8.1 实验环境

服务器角色	应用程序	IP 地址
Web 服务器 2	Apache+PHP	192.168.99.131
数据库服务器	MySQL	192.168.99.132
数据库服务器	MySQL	192.168.99.138
共享存储	NFS	192.168.99.129
七层负载均衡器	Nginx1	192.168.99.135
七层负载均衡器	Nginx2	192.168.99.133
四层负载均衡器（主）	LVS	192.168.99.136
四层负载均衡器（备）	LVS	192.168.99.137

8.2 部署 LeadShop 网站

在Web服务器上上线网站系统，根据服务器处理的请求类型不同，将动态与静态服务器分离部署。处理静态请求的Web服务器只需要部署Apache，处理动态请求的Web服务器需要同时部署Apache和PHP。这里数据库采用MySQL部署在独立服务器上，两台Web服务器的共用数据将存放在NFS服务器上。

8.2.1 部署 Web 集群

在应用服务器web1和web2上分别安装Apache、PHP-MySQL（用于连接数据库），具体命令如下所示。

```
[root@web1 ~]# yum -y install httpd  httpd-devel php-mysql
[root@web2 ~]# yum -y install httpd httpd-devel php-mysql
```

由于yum源下载的PHP版本较低，此处使用源码编译安装PHP 7.20。首先查看apxs所在路径，此工具用于编译PHP时生成/etc/httpd/modules/libphp7.so，若没有这个扩展工具，Apache将无法解析PHP代码，具体命令如下所示。

```
[root@web1 ~]# rpm -ql httpd-devel|grep apxs
/usr/bin/apxs
[root@web2 ~]# rpm -ql httpd-devel|grep apxs
/usr/bin/apxs
```

安装编译工具以及PHP的相关依赖包，具体命令如下所示。

```
[root@web1 ~]# yum install -y gcc gcc-c++  make zlib zlib-devel pcre pcre-devel
libjpeg libjpeg-devel libpng libpng-devel freetype freetype-devel libxml2 libxml2-
devel glibc glibc-devel glib2 glib2-devel bzip2 bzip2-devel ncurses ncurses-devel
curl curl-devel e2fsprogs e2fsprogs-devel krb5 krb5-devel openssl openssl-devel
openldap openldap-devel nss_ldap openldap-clients openldap-servers
[root@web2 ~]# yum install -y gcc gcc-c++  make zlib zlib-devel pcre pcre-devel
libjpeg libjpeg-devel libpng libpng-devel freetype freetype-devel libxml2 libxml2-
devel glibc glibc-devel glib2 glib2-devel bzip2 bzip2-devel ncurses ncurses-devel
curl curl-devel e2fsprogs e2fsprogs-devel krb5 krb5-devel openssl openssl-devel
openldap openldap-devel nss_ldap openldap-clients openldap-servers
```

下载PHP软件包到/usr/local目录并解压，具体命令如下所示。

```
#web1
[root@web1 ~]# cd /usr/local/
[root@web1 local]# wget https://www.php.net/distributions/php-7.2.20.tar.gz
[root@web1 local]# tar -zxf php-7.2.20.tar.gz
#web2
[root@web2 ~]# cd /usr/local/
[root@web2 local]# wget https://www.php.net/distributions/php-7.2.20.tar.gz
[root@web2 local]# tar -zxf php-7.2.20.tar.gz
```

进入解压后的PHP目录，对即将安装的PHP软件进行配置，以及检查当前环境是否满足源代码安装的依赖关系，具体命令如下所示。

```
#web1
[root@web1 local]# cd php-7.2.20
[root@web1 php-7.2.20]# ./configure --prefix=/usr/local/php --with-config-file-path=/usr/local/php --enable-mbstring --with-openssl --enable-ftp --with-gd --with-jpeg-dir=/usr --with-png-dir=/usr --with-mysql=mysqlnd --with-mysqli=mysqlnd --with-pdo-mysql=mysqlnd --with-pear --enable-sockets --with-freetype-dir=/usr --with-zlib --with-libxml-dir=/usr --with-xmlrpc --enable-zip --enable-fpm --enable-xml --enable-sockets --with-gd --with-zlib --with-iconv --with-apxs2=/usr/bin/apxs --enable-zip --with-freetype-dir=/usr/lib/ --enable-soap --enable-pcntl --enable-cli --with-curl
#web2
[root@web2 local]# cd php-7.2.20
[root@web2 local]# ./configure --prefix=/usr/local/php --with-config-file-path=/usr/local/php --enable-mbstring --with-openssl --enable-ftp --with-gd --with-jpeg-dir=/usr --with-png-dir=/usr --with-mysql=mysqlnd --with-mysqli=mysqlnd --with-pdo-mysql=mysqlnd --with-pear --enable-sockets --with-freetype-dir=/usr --with-zlib --with-libxml-dir=/usr --with-xmlrpc --enable-zip --enable-fpm --enable-xml --enable-sockets --with-gd --with-zlib --with-iconv --with-apxs2=/usr/bin/apxs --enable-zip --with-freetype-dir=/usr/lib/ --enable-soap --enable-pcntl --enable-cli --with-curl
```

编译并安装PHP,具体命令如下所示。

```
[root@web1 php-7.2.20]# make && make install
[root@web2 php-7.2.20]# make && make install
```

安装完成后,复制一份php.ini至PHP安装目录,具体命令如下所示。

```
[root@web1 php-7.2.20]# cp php.ini-production /usr/local/php/php.ini
[root@web2 php-7.2.20]# cp php.ini-production /usr/local/php/php.ini
```

在环境配置文件/etc/profile中添加PHP环境变量,具体命令如下所示。

```
#web1
[root@web1 php-7.2.20]# export PATH=$PATH:/usr/local/php/bin
[root@web1 php-7.2.20]# source /etc/profile
#web2
[root@web2 php-7.2.20]# export PATH=$PATH:/usr/local/php/bin
[root@web2 php-7.2.20]# source /etc/profile
```

查看当前PHP的版本,进一步验证PHP是否安装成功,具体命令如下所示。

```
[root@web1 php-7.2.20]# php -v
PHP 7.2.20 (cli) (built: Apr 20 2022 17:21:31) (NTS)
Copyright (c) 1997-2018 The PHP Group
Zend Engine v3.2.0, Copyright (c) 1998-2018 Zend Technologies
[root@web2 php-7.2.20]# php -v
PHP 7.2.20 (cli) (built: Apr 20 2022 17:21:31) (NTS)
Copyright (c) 1997-2018 The PHP Group
```

```
Zend Engine v3.2.0, Copyright (c) 1998-2018 Zend Technologies
```

PHP安装完成后，需要配置Apache服务器对PHP文件的解析。编辑Apache的配置文件/etc/httpd/conf/httpd.conf，具体如下所示。

①在LoadModule（启动时加载的模块）处查找如下代码，若没有如下代码则添加。

```
LoadModule php7_module        /usr/lib64/httpd/modules/libphp7.so
```

②在文件的最后添加如下代码，以支持Apache对PHP的解析。

```
<IfModule mod_php7.c>
  AddType application/x-httpd-php .php
</IfModule>
```

③在<IfModule dir_module>配置节点添加默认的首页页面文件，即在index.html后添加index.php。

```
<IfModule dir_module>
    DirectoryIndex index.html index.php
</IfModule>
```

配置完成后启动网站服务，并设置开机自启，具体命令如下所示。

```
[root@web1 ~]# systemctl start httpd
[root@web1 ~]# systemctl enable httpd
[root@web2 ~]# systemctl start httpd
[root@web2 ~]# systemctl enable httpd
```

部署完成后，在浏览器中访问该Web服务器的IP地址，可以看到Apache的默认测试页，如图8.3所示。

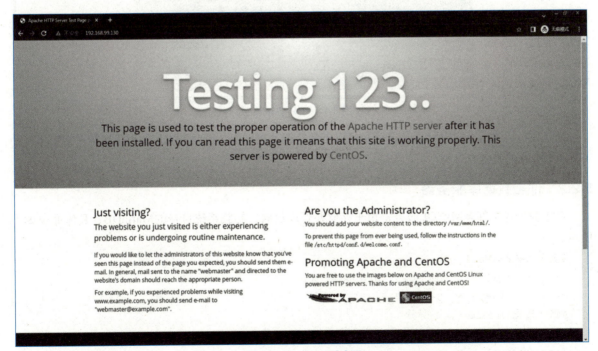

图 8.3　Apache 测试页

至此，静态Web服务器部署完成。

在两台Web服务器上分别配置PHP测试页，验证网站是否能解析PHP语言。测试页面的编写代码及内容如下所示。

```
# vim /var/www/html/index.php
<?php
  phpinfo();
?>
```

编写完成后，输入:wq!，保存退出

在浏览器中访问动态Web服务器的IP地址，结果如图8.4所示。

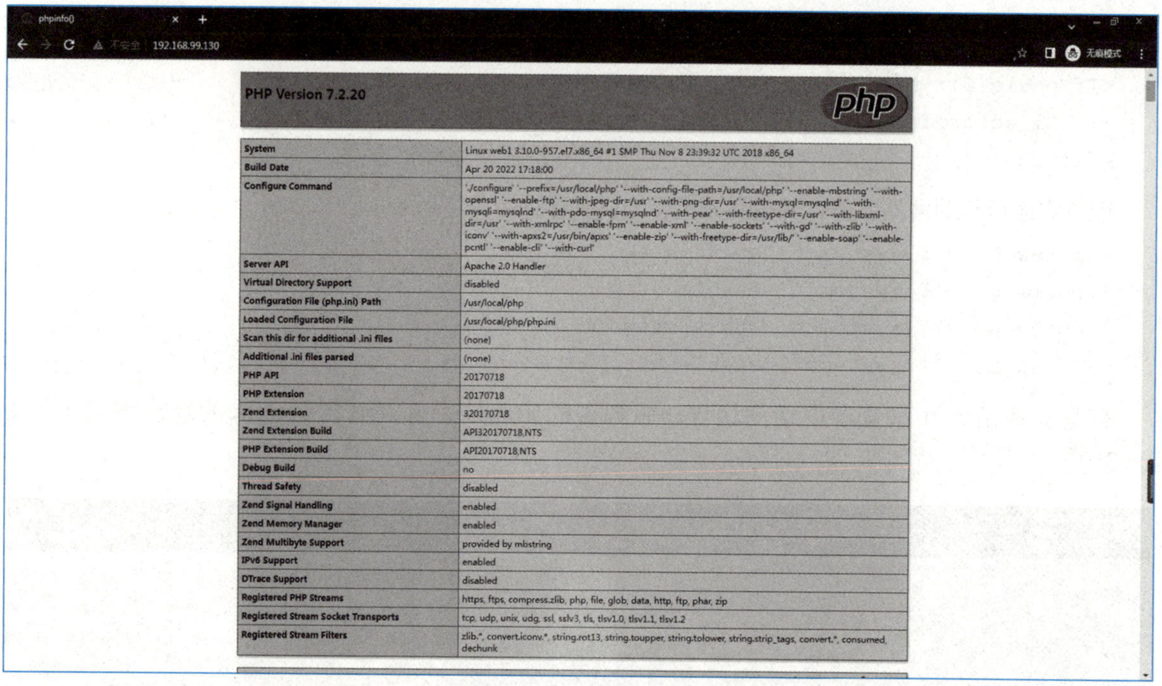

图 8.4　PHP 测试页

通过图8.4可知，动态Web服务器已经可以正常处理动态页面，说明Apache与PHP都在正常工作，动态Web服务器部署完成。

8.2.2　部署数据库服务器

在主数据库上部署MySQL服务，用于存储并管理数据。卸载系统自带的MariaDB，具体命令如下所示。

```
#查看已安装的MariaDB
[root@mysql1 ~]# rpm -qa | grep mariadb
mariadb-libs-5.5.60-1.el7_5.x86_64
#强制删除MariaDB
[root@mysql1 ~]# rpm -e --nodeps mariadb-libs-5.5.60-1.el7_5.x86_64
[root@mysql1 ~]# rpm -qa | grep mariadb
```

使用wget命令下载MySQL RPM包，具体命令如下所示。

```
[root@mysql1 ~]# wget https://dev.mysql.com/get/mysql80-community-release-el7-3.noarch.rpm
```

下载完成后，执行ls命令即可查看下载后的MySQL镜像包。使用RPM工具将该镜像包解析至本地的镜像源中，具体命令如下所示。

```
[root@mysql1 ~]# ls
mysql80-community-release-el7-3.noarch.rpm
[root@mysql1 ~]# rpm -ivh mysql80-community-release-el7-3.noarch.rpm
warning: mysql80-community-release-el7-3.noarch.rpm: Header V3 DSA/SHA1
Preparing...                          ################################
Updating / installing...
   1:mysql80-community-release-el7-3   ################################
```

官方源配置完成后，服务器即可使用yum命令进行安装并使用该软件。下载yum管理工具包，具体命令如下所示。

```
[root@mysql1 ~]# yum -y install yum-utils
```

下载完成后使用yum-config-manager命令关闭MySQL 8.0版本，并开启MySQL 5.7版本，具体命令如下所示。

```
[root@mysql1 ~]# yum-config-manager --disable mysql80-community
[root@mysql1 ~]# yum-config-manager --enable mysql57-community
```

使用yum命令下载并安装MySQL，具体命令如下所示。

```
[root@mysql1 ~]# yum -y install mysql-community-server --nogpgcheck
……省略安装过程……
Installed:
  mysql-community-libs.x86_64 0:5.7.37-1.el7
  mysql-community-server.x86_64 0:5.7.37-1.el7

Dependency Installed:
  mysql-community-client.x86_64 0:5.7.37-1.el7
  net-tools.x86_64 0:2.0-0.25.20131004git.el7

Dependency Updated:
  postfix.x86_64 2:2.10.1-9.el7

Complete!
```

启动MySQL，并设置为开机自启，具体命令如下所示。

```
[root@mysql1 ~]# systemctl start mysqld
[root@mysql1 ~]# systemctl enable mysqld
```

综上所述，MySQL已经安装并启动完成。查看root用户被授予的临时密码，具体命令如下所示。

```
[root@mysql1 ~]# grep "A temporary password" /var/log/mysqld.log
```

```
2022-04-15T05:46:37.863321Z 1 [Note] A temporary password is generated for root@
localhost: !h(Ctnevh0R#
```

由上述结果可知，MySQL的临时登录密码为"!h(Ctnevh0R#"（随机）。下一步则登录数据库修改密码，创建数据库用户，并授予相关权限，具体命令如下所示。

```
[root@mysql1 ~]# mysql -uroot -p"!h(Ctnevh0R#"
Welcome to the MySQL monitor.  Commands end with ; or \g.
Your MySQL connection id is 8
Server version: 5.7.37

Copyright (c) 2000, 2022, Oracle and/or its affiliates.

Oracle is a registered trademark of Oracle Corporation and/or its
affiliates. Other names may be trademarks of their respective
owners.

Type 'help;' or '\h' for help. Type '\c' to clear the current input statement.
--修改MySQL登录密码
mysql> ALTER USER 'root'@'localhost' IDENTIFIED WITH mysql_native_password BY 'qf@123.coM';
Query OK, 0 rows affected (0.00 sec)
--授予Web服务器权限
mysql> grant all on *.* to root@'192.168.99.131' identified by 'qf@123;.coM';
Query OK, 0 rows affected, 1 warning (0.00 sec)
mysql> grant all on *.* to root@'192.168.99.130' identified by 'qf@123.coM';
Query OK, 0 rows affected, 1 warning (0.00 sec)
--创建数据库用户
mysql> create user tom@'%' identified by 'qf@123.coM';
Query OK, 0 rows affected (1.34 sec)
--允许远程登录
mysql> use mysql;
Reading table information for completion of table and column names
You can turn off this feature to get a quicker startup with -A

Database changed
mysql> update user set host = '%' where user='tom';
Query OK, 0 rows affected (0.13 sec)
Rows matched: 1  Changed: 0  Warnings: 0

mysql> flush privileges;
Query OK, 0 rows affected (0.00 sec)
```

由上述结果可知，新建的数据库用户为tom，登录密码为"qf@123.coM"。初始化数据库之后，在网站根目录下编写test.php文件，测试网站是否能与数据库连通。若其可以连通则返回Successfully，否则返回Fail。文件内容如下。

```
[root@web1 ~]# cat /var/www/html/test.php
<?php
$link=mysqli_connect('192.168.99.132','tom','qf@123.coM');
if ($link)
echo "Successfully";
else
echo "Fail";
mysql_close();
?>
```

编写完成后，在浏览器中访问test.php，结果如图8.5所示。

图 8.5　MySQL 连接结果

由图8.5可知，当前网站与数据库交互成功，分离式LAMP环境搭建完成。

8.2.3　上线 Leadshop 商城系统

接下来，在动态Web服务器中上线LeadShop系统，其数据将存储在数据库服务器中，具体分以下四步完成。

1. 导入 Leadshop 网站源码

在web1服务器中使用wget命令下载LeadShop网站源码，具体命令如下所示。

```
#web1
[root@web1 ~]#  wget https://gitee.com/leadshop/leadshop/repository/archive/master.zip
```

下载完成后，对压缩包进行解压，将解压后的文件移至网站目录下，并授予相应的权限，具体命令如下所示。

```
#web1
[root@web1 ~]# unzip master.zip
[root@web1 ~]# ls
anaconda-ks.cfg  leadshop-master  master.zip
[root@web1 ~]# cp -rf leadshop-master/ /webdir/
[root@web1 ~]# ls /webdir/
leadshop-master
[root@web1 ~]# chmod 777 -R /webdir/leadshop-master
```

2. Apache 配置虚拟主机

编辑配置文件，设置论坛网站的接收端口，指定网站目录位置，具体命令如下所示。

```
#web1
[root@web1 ~]# cat   /etc/httpd/conf.d/leadshop.conf
<VirtualHost *:80>
    ServerName www.leadshop.com
    DocumentRoot /webdir/leadshop-master/web
</VirtualHost>
<Directory "/webdir/leadshop-master/web">
    Require all granted
</Directory>
#web2
[root@web2 ~]# cat   /etc/httpd/conf.d/leadshop.conf
<VirtualHost *:80>
    ServerName www.leadshop.com
    DocumentRoot /webdir/leadshop-master/web
</VirtualHost>
<Directory "/webdir/leadshop-master/web">
    Require all granted
</Directory>
```

上述代码指定了Leadshop网站通过80端口接收请求，网站目录为/webdir/leadshop-master/web，该目录下所有访问操作都是被允许的。

3. 准备数据库

在MySQL中创建leadshop数据库，用以存放网站数据，具体命令如下所示。

```
[root@mysql1 ~]# mysql -u root -p'qf@123.coM'
mysql: [Warning] Using a password on the command line interface can be insecure.
Welcome to the MySQL monitor.  Commands end with ; or \g.
Your MySQL connection id is 13
Server version: 5.7.37 MySQL Community Server (GPL)

Copyright (c) 2000, 2022, Oracle and/or its affiliates.

Oracle is a registered trademark of Oracle Corporation and/or its
affiliates. Other names may be trademarks of their respective
owners.

Type 'help;' or '\h' for help. Type '\c' to clear the current input statement.

mysql> create database leadshop;
Query OK, 1 row affected (0.00 sec)
mysql> show databases;
+--------------------+
|     Database       |
+--------------------+
```

```
| information_schema |
| leadshop           |
| mysql              |
| performance_schema |
| sys                |
+--------------------+
5 rows in set (0.00 sec)
```

网站数据库部署完成后，在数据库中授予操作leadshop库的权限，具体命令如下所示。

```
--授予库权限
mysql> grant all on *.* to 'tom'@'%';
Query OK, 0 rows affected (3.14 sec)


--刷新
mysql> flush privileges;
Query OK, 0 rows affected (0.00 sec)
```

4．安装 Leadshop 系统

在浏览器中输入动态Web服务器的IP地址，访问Leadshop的安装协议页面，如图8.6所示。

图 8.6　安装协议页面

单击"同意并继续"按钮，开始检查安装环境，进入安装向导页面。环境及目录权限检查过程如图8.7所示。

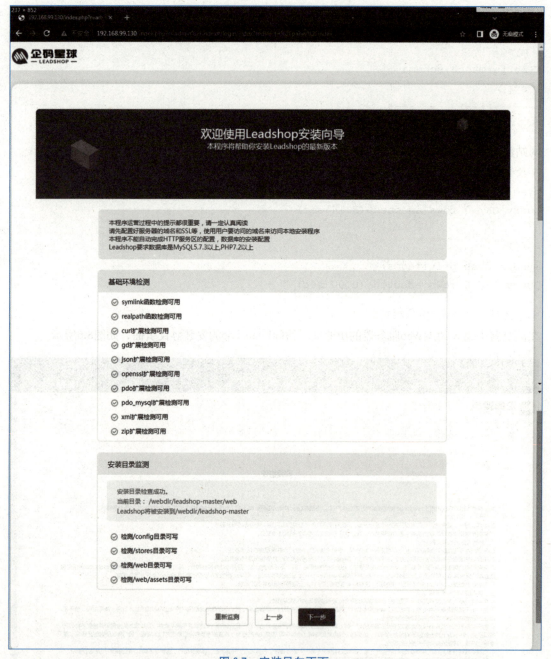

图 8.7　安装导向页面

图8.7显示安装目录检测一切正常，单击"下一步"按钮进入参数配置页面，开始填写MySQL数据库和网站管理员信息，如图8.8所示。

在数据库配置界面填写数据库信息，且必须保证信息的真实性，否则无法连接到数据库。填写完成后，单击"继续"按钮，即可开始安装。数据库安装成功之后，显示安装成功的页面，如图8.9所示。

至此，Leadshop安装完成，单击"进入管理后台"按钮输入网站管理员信息，即可登录网站，如图8.10所示。

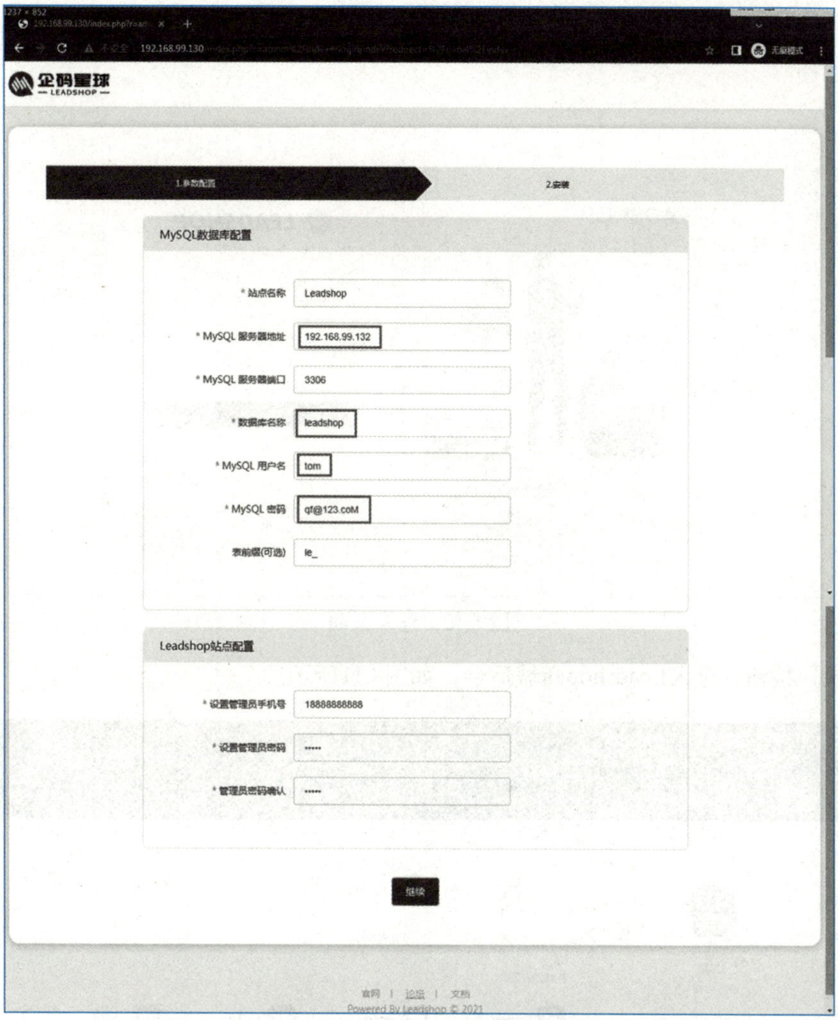

图 8.8 数据库配置页面

图 8.9 安装成功页面

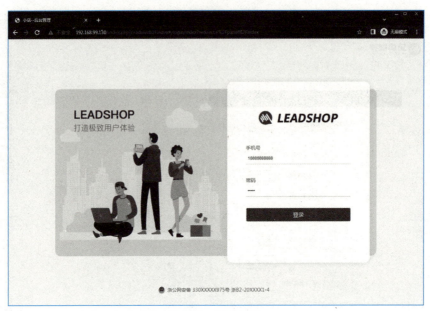

图 8.10 登录页面

单击"登录"按钮，进入Leadshop商城后台，如图8.11所示。

图 8.11 后台登录页面

将web1服务器的/webdir/leadshop-master目录复制到web2，使其获取与web1相同的配置，如此两台服务器的数据将存储到同一数据库中，具体命令如下所示。

```
[root@web1 ~]# scp -r /webdir/leadshop-master root@192.168.99.131:/webdir/
```

在浏览器中输入web2的IP地址，会直接访问到登录首页，如图8.12所示。

至此，Web集群已经成功上线网站业务。

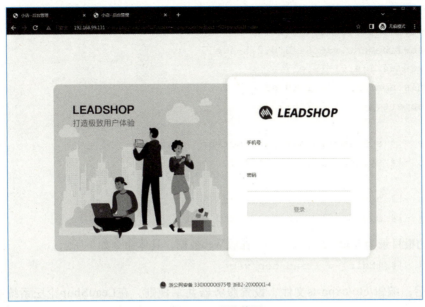

图 8.12 登录首页

8.3 资 源 共 享

在Web服务器实现业务上线后,所有资源都存储在Web服务器与数据库中。要实现动态与静态资源分离处理,就需要将商城系统的静态资源进行调用。简而言之,Web服务器对用户请求进行应答时,需要调用系统中的一些静态资源。将应用数据发送至共享存储NFS服务器,NFS服务器再将资源共享至Web服务器。如此,Web集群中的所有服务器都会实时获取静态资源的状态。

8.3.1 在 NFS 服务器中开启共享服务

在服务器中下载并安装NFS服务,安装完成后,启动该项服务,并设置开机自启,具体命令如下所示。

```
[root@nfs ~]# yum -y install nfs-utils rpcbind
……省略安装过程……
Installed:
  nfs-utils.x86_64 1:1.3.0-0.68.el7.2        rpcbind.x86_64 0:0.2.0-49.el7

Dependency Installed:
  gssproxy.x86_64 0:0.7.0-30.el7_9
  keyutils.x86_64 0:1.5.8-3.el7
  libbasicobjects.x86_64 0:0.1.1-32.el7
  libcollection.x86_64 0:0.7.0-32.el7
  libevent.x86_64 0:2.0.21-4.el7
  libini_config.x86_64 0:1.3.1-32.el7
  libnfsidmap.x86_64 0:0.25-19.el7
  libpath_utils.x86_64 0:0.2.1-32.el7
```

```
    libref_array.x86_64 0:0.1.5-32.el7
    libtirpc.x86_64 0:0.2.4-0.16.el7
    libverto-libevent.x86_64 0:0.2.5-4.el7
    quota.x86_64 1:4.01-19.el7
    quota-nls.noarch 1:4.01-19.el7
    tcp_wrappers.x86_64 0:7.6-77.el7

[root@nfs ~]# systemctl start nfs-server
[root@nfs ~]# systemctl enable nfs-server

[root@nfs ~]# systemctl start rpcbind
[root@nfs ~]# systemctl enable rpcbind
```

商城网站的根目录为/leadshop/web，用于接收Web数据，具体命令如下所示。

```
[root@nfs ~]# mkdir -p /leadshop/web
```

创建完成后，编辑/etc/exports文件，设置服务器共享规则。在LeadShop论坛系统中，leadshop-master/web/img文件夹及leadshop-master/web/static文件存储静态资源，故需设置这两个文件夹为共享文件夹即可，共享对象为Web服务器，具体命令如下所示。

```
[root@qfedu ~]# vim /etc/exports
/webdir/leadshop-master/web/img/  192.168.99.0/24(rw,all_squash,anonuid=0,insecure)
/webdir/leadshop-master/web/static/  192.168.99.0/24(rw,all_squash,anonuid=0,insecure)
```

修改NFS配置文档后，无须重启NFS，直接执行exportfs -rv命令即可使修改后的配置生效，具体如下所示。

```
[root@nfs ~]# exportfs -rv
exporting 192.168.99.0/24:/webdir/leadshop-master/web/static
exporting 192.168.99.0/24:/webdir/leadshop-master/web/img
```

8.3.2 在Web服务器中使用共享服务

将Web服务器中的静态数据发送至NFS服务器，具体命令如下所示。

```
[root@web1 ~]# scp -r /webdir/leadshop-master/web/* 192.168.99.129:/leadshop/web/
```

发送完成后，在Web服务器中下载并安装NFS服务，启动该项服务，并设置开机自启，具体命令如下所示。

```
#web1
[root@web1 ~]# yum -y install nfs-utils rpcbind
[root@web1 ~]# systemctl start nfs
[root@web1 ~]# systemctl start rpcbind
[root@web1 ~]# systemctl enable nfs
[root@web1 ~]# systemctl enable rpcbind
```

```
#web2
[root@web2 ~]# yum -y install nfs-utils rpcbind
[root@web2 ~]# systemctl start nfs
[root@web2 ~]# systemctl start rpcbind
[root@web2 ~]# systemctl enable nfs
[root@web2 ~]# systemctl enable rpcbind
```

设置完成后，查看NFS服务器共享出来的目录，具体命令如下所示。

```
[root@nfs ~]# showmount -e 192.168.99.129
Export list for 192.168.99.129:
/webdir/leadshop-master/web/static 192.168.99.0/24
/webdir/leadshop-master/web/img    192.168.99.0/24
```

由查询结果可知，当前可用的共享文件目录包括/webdir/leadshop-master/web/static与/webdir/leadshop-master/web/img。继续在Web服务器上挂载共享目录，具体命令如下所示。

```
#web1
[root@web1 ~]# mount 192.168.99.129:/webdir/leadshop-master/web/img/ /webdir/leadshop-master/web/img/
[root@web1 ~]# mount 192.168.99.129:/webdir/leadshop-master/web/static/ /webdir/leadshop-master/web/static/
#web2
[root@web2 ~]# mount 192.168.99.129:/webdir/leadshop-master/web/img/ /webdir/leadshop-master/web/img/
[root@web2 ~]# mount 192.168.99.129:/webdir/leadshop-master/web/static/ /webdir/leadshop-master/web/static/
```

如果直接使用mount方式进行挂载，那么重启后就会失效。这里使用修改配置文件的方式，使其开机自动挂载。编辑/etc/fstab文件，写入挂载命令后保存即可，具体命令如下所示。

```
#web1
[root@web1 ~]# vim /etc/fstab
192.168.99.129:/webdir/leadshop-master/web/img/ /webdir/leadshop-master/web/img/ nfs defaults 0 0
192.168.99.129:/webdir/leadshop-master/web/static/ /webdir/leadshop-master/web/static/ nfs defaults 0 0
#web2
[root@web2 ~]# vim /etc/fstab
192.168.99.129:/webdir/leadshop-master/web/img/ /webdir/leadshop-master/web/img/ nfs defaults 0 0
192.168.99.129:/webdir/leadshop-master/web/static/ /webdir/leadshop-master/web/static/ nfs defaults 0 0
```

配置完成后，输入mount -a命令重新加载/etc/fstab中的内容，使其实现自动挂载共享目录，具体命令如下所示。

```
[root@web1 ~]# mount -a
[root@web2 ~]# mount -a
```

配置完成后，查看动态Web服务器的挂载信息，查询命令及结果如下所示。

```
[root@web1 ~]# df -h
Filesystem                                           Size  Used Avail Use% Mounted on
/dev/mapper/centos-root                              17G   4.1G  13G   24%  /
devtmpfs                                             475M  0     475M  0%   /dev
tmpfs                                                487M  0     487M  0%   /dev/shm
tmpfs                                                487M  7.7M  479M  2%   /run
tmpfs                                                487M  0     487M  0%   /sys/fs/cgroup
/dev/sda1                                            1014M 133M  882M  14%  /boot
tmpfs                                                98M   0     98M   0%   /run/user/0
192.168.99.129:/webdir/leadshop-master/web/img       17G   1.4G  16G   9%
/webdir/leadshop-master/web/img
192.168.99.129:/webdir/leadshop-master/web/static    17G   1.4G  16G   9%
/webdir/leadshop-master/web/static
```

通过系统的反馈信息可知，目标文件夹均已成功挂载。

8.3.3 测试共享数据

资源共享部署完成后，需要验证其效果。首先在NFS服务器的网站静态资源目录中编写测试文件test.html，文件命令如下所示。

```
[root@nfs ~]# vim /webdir/leadshop-master/web/static/test.html
数据共享测试页面！
```

编写完成后，NFS服务器会将数据共享到Web集。使用浏览器访问web1的IP地址，访问界面如图8.13所示。

图8.13　web1测试页面

使用浏览器访问web2的IP地址，访问界面如图8.14所示。

图8.14　web2测试页面

由图8.14可知，尽管文件只在NFS服务器中进行写入，但因为不同的Web服务器之间共享了这个目录，因此共享系统中的动态Web服务器也可以直接获取共享文件夹内的资源，并将其返回给用户。

同理，当用户与Web服务器进行交互并产生动态数据时，这些数据将被写入数据库中，而静态数据则会被写入共享的静态文件夹中，这意味着两台Web服务器都可以访问这些静态数据。

8.4 部署 Nginx 七层负载

目前，商城网站已完成部署，并且可以正常对外提供服务。为了能更好地处理用户请求，现对用户请求实行"人性化"的管理来分发流量加快处理效率。为此，这里使用Nginx来部署七层代理，以控制流量负载均衡及反向代理功能。

为准备的两台Nginx七层负载均衡器安装Nginx软件，具体命令如下所示。

```
#nginx1
[root@nginx1 ~]#  yum -y install epel-release
[root@nginx1 ~]# yum -y install nginx
#nginx2
[root@nginx2 ~]#  yum -y install epel-release
[root@nginx2 ~]# yum -y install nginx
```

安装Nginx后，编辑其配置文件/etc/nginx/nginx.conf，添加相关的服务器组，具体添加内容如下所示。

```
[root@nginx1 ~]# vim /etc/nginx/nginx.conf
#注意更改的位置!!!
http {
    ……此处省略部分代码……
    server {
    ……此处省略部分代码……
    #引用服务器组
    location / {
        proxy_pass   http://html;
        proxy_set_header Host $host;
        proxy_set_header X-Real-IP $remote_addr;
        proxy_set_header REMOTE-HOST $remote_addr;
        proxy_set_header X-Forwarded-For $proxy_add_x_forwarded_for;
    }
    ……此处省略部分代码……
    }
    #配置服务器组
    upstream  html {
        server 192.168.99.130:80 weight=5;
        server 192.128.99.131:80 weight=5;
    }
}
[root@nginx2 ~]# vim /etc/nginx/nginx.conf
#注意更改的位置!!!
http {
    ……此处省略部分代码……
    server {
```

```
      ……此处省略部分代码……
      #引用服务器组
      location / {
          proxy_pass     http://html;
          proxy_set_header Host $host;
          proxy_set_header X-Real-IP $remote_addr;
          proxy_set_header REMOTE-HOST $remote_addr;
          proxy_set_header X-Forwarded-For $proxy_add_x_forwarded_for;
      }
      ……此处省略部分代码……
  }
  #配置服务器组
  upstream   html {
      server 192.168.99.130:80 weight=5;
      server 192.128.99.131:80 weight=5;
  }
}
```

配置完成后启动Nginx,并设置为开机自启,具体命令如下所示。

```
#nginx1
[root@nginx1 ~]# systemctl start nginx
[root@nginx1 ~]# systemctl enable nginx
#nginx2
[root@nginx2 ~]# systemctl start nginx
[root@nginx2 ~]# systemctl enable nginx
```

至此,负载均衡器配置完成。

使用Windows浏览器访问Nginx负载均衡器的IP可访问web集群,具体如图8.15所示。

图 8.15　使用域名访问业务

刷新浏览器，再次访问网站。然后可通过访问web1和web2的access.log查看客户端请求的信息。在web1和web2使用tail命令可动态地查看资源文件，具体命令如下所示。

```
[root@web1 nginx]# tail -f /var/log/nginx/access.log
```

也可以通过网页测试工具Elinks进行访问测试。首先在web1和web2上创建测试文件nginx_test.html，具体命令如下所示。

```
[root@web1 ~]# vim /webdir/leadshop-master/web/nginx_test.html
Web1
[root@web2 ~]# vim /webdir/leadshop-master/web/nginx_test.html
Web2
```

在客户端服务器安装Elinks工具，具体命令及访问nginx1结果如下所示。

```
[root@qfedu ~]# yum -y install elinks
[root@qfedu ~]# elinks --dump 192.168.99.133:/nginx_test.html
    web1
[root@qfedu ~]# elinks --dump 192.168.99.133:/nginx_test.html
    web2
[root@qfedu ~]# elinks --dump 192.168.99.133:/nginx_test.html
    web1
[root@qfedu ~]# elinks --dump 192.168.99.133:/nginx_test.html
    web2
[root@qfedu ~]# elinks --dump 192.168.99.133:/nginx_test.html
    web1
[root@qfedu ~]# elinks --dump 192.168.99.133:/nginx_test.html
    web2
```

由上述结果可知，Nginx做七层负载实现了正确的分发请求，后端的服务器也可以正常进行应答。

一般情况下，为防止服务器出现单点故障，为其做备份是最好的选择之一。可以配置与服务器A环境完全相同的服务器B，当服务器A出现故障时，可以快速地使用服务器B替换服务器A进行工作，从而保证业务的高可用性和稳定性。

在客户端使用Elinks工具访问nginx2，具体命令及访问结果如下所示。

```
[root@qfedu ~]# elinks --dump 192.168.99.135:/nginx_test.html
    web1
[root@qfedu ~]# elinks --dump 192.168.99.135:/nginx_test.html
    web2
[root@qfedu ~]# elinks --dump 192.168.99.135:/nginx_test.html
    web1
[root@qfedu ~]# elinks --dump 192.168.99.135:/nginx_test.html
    web2
[root@qfedu ~]# elinks --dump 192.168.99.135:/nginx_test.html
    web1
```

至此，两台七层负载均衡器均已成功部署。此处可以考虑在本书中介绍过的高可用软件Keepalived，也可以考虑使用Heartbeat软件实现高可用或市面其他可供选择的高可用软件，感兴趣的读者可以自行研究。

8.5 部署 LVS 四层负载

为了解决七层负载均衡器成为性能瓶颈的问题,并充分发挥备份服务器的作用。现在为网站配置四层负载均衡服务器,这不仅有利于解决流量分发的问题,且可以为8.4中两台Nginx实现高可用,一台宕机时,另一台可以立即替补,从而使网站系统可以高效运转。

为了确保七层负载均衡器不会成为网站的性能瓶颈,这里使用两台服务器实现四层负载均衡的功能,并为它们配置Keepalived,以保证四层负载均衡服务器的高可用性。接下来,将介绍具体的操作步骤。

8.5.1 部署四层负载及其高可用

按照项目说明,使用IP为192.168.99.136(lvs1)和IP为192.168.99.137(lvs2)的服务器实现四层负载均衡。此处默认192.168.99.136为主LVS,192.168.99.137为从LVS。首先在主LVS上部署四层负载均衡功能,具体如下所示。

1. 在主 LVS 上安装配置 Keepalived

实现四层负载均衡功能需要安装ipvsadm管理工具,实现两台四层负载均衡器的高可用需要软件Keepalived,这里同时下载两个软件,具体命令如下所示。

```
[root@lvs1 ~]# yum -y install ipvsadm keepalived
```

2. 修改主 LVS 的配置文件

下载完成后,修改Keepalived配置文件,设置虚拟网站对外提供服务的虚拟IP为192.168.99.150,将两台七层负载均衡器加入LVS的轮询队伍,设置轮询算法为Round-Robin,修改完成后的配置文件内容如下所示。

```
[root@lvs1 ~]# cat /etc/keepalived/keepalived.conf
! Configuration File for keepalived
global_defs {
    router_id lvs-01
}

vrrp_instance VI_1 {
    state MASTER
    interface ens33
    virtual_router_id 51
    priority 150
    advert_int 1
    authentication {
        auth_type PASS
        auth_pass 1111
    }
    virtual_ipaddress {
        192.168.99.150/24 dev ens33
    }
}
```

```
virtual_server 192.168.99.150 80 {
    delay_loop 3
    lb_algo rr
    lb_kind DR
    protocol TCP
    real_server 192.168.99.133 80 {
        weight 1
        TCP_CHECK {
            connect_timeout 3
        }
    }
    real_server 192.168.99.135 80 {
        weight 1
        TCP_CHECK {
            connect_timeout 3
        }
    }
}
```

3. 在从 LVS 上安装配置 Keepalived

与主LVS相同，在从LVS上安装ipvsadm管理工具及Keepalived，代码如下所示。

```
[root@lvs2 ~]# yum -y install ipvsadm keepalived
```

4. 修改从 LVS 的配置文件

与主LVS相同，在从LVS中修改Keepalived配置文件，设置虚拟网站对外提供服务的虚拟IP为192.168.99.150，优先级略低于主LVS。将两台七层负载均衡器加入LVS的轮询队伍，设置轮询算法为Round-Robin，修改完成后的配置文件内容如下所示。

```
[root@lvs2 ~]# cat /etc/keepalived/keepalived.conf
! Configuration File for keepalived
global_defs {
    router_id lvs-02
}

vrrp_instance VI_1 {
    state BACKUP
    interface ens33
    virtual_router_id 51
    priority 100
    advert_int 1
    authentication {
        auth_type PASS
```

```
            auth_pass 1111
        }
        virtual_ipaddress {
            192.168.99.150/24 dev ens33
        }
    }

    virtual_server 192.168.99.150 80 {
        delay_loop 3
        lb_algo rr
        lb_kind DR
        protocol TCP
        real_server 192.168.99.133 80 {
            weight 1
            TCP_CHECK {
                connect_timeout 3
            }
        }
        real_server 192.168.99.135 80 {
            weight 1
            TCP_CHECK {
                connect_timeout 3
            }
        }
    }
```

5. 主从服务器同时启动 Keepalived

两台LVS的配置文件修改完成后，同时启动Keepalived并设置开机自启，具体命令如下所示。

```
#lvs1
[root@lvs1 ~]# systemctl start keepalived
[root@lvs1 ~]# systemctl enable keepalived
#lvs2
[root@lvs2 ~]# systemctl start keepalived
[root@lvs2 ~]# systemctl enable keepalived
```

6. 重启服务器

之后重启服务器，使配置文件生效。

```
[root@qfedu ~]# reboot
```

8.5.2 配置七层负载均衡器

当前已完成了四层负载均衡器及高可用服务的部署，并将两台七层负载均衡器添加到轮询队列中。下一步是将七层负载均衡与四层负载均衡进行通信配置。

两台七层负载均衡器配置的方式相同，因此需要在每台七层负载均衡器上分别完成以下步骤。

1. 确定服务可用

本项目中，四层负载均衡器需要根据负载策略将请求分发到不同的七层负载均衡器进行处理，因此管理员需要确保七层负载均衡器的可用性。

该项目用到的两台七层负载均衡器已在8.4节中做过相关测试，服务可用，故此处进行下一步即可。

2. 配置虚拟地址

为七层负载均衡服务器配置虚拟网络地址，用于与LVS设备进行通信，将VIP配置在物理网卡的子接口上，本实验的VIP设置为192.168.99.150，具体命令如下所示。

```
[root@nginx1 ~]# yum -y install net-tools
[root@nginx1 ~]# ifconfig ens33:0 192.168.99.150 broadcast 192.168.99.255 netmask 255.255.255.0 up
```

查看网络接口和网卡信息，具体命令如下所示。

```
[root@nginx1 ~]# ip a
1: lo: <LOOPBACK,UP,LOWER_UP> mtu 65536 qdisc noqueue state UNKNOWN group default qlen 1000
    link/loopback 00:00:00:00:00:00 brd 00:00:00:00:00:00
    inet 127.0.0.1/8 scope host lo
       valid_lft forever preferred_lft forever
    inet6 ::1/128 scope host
       valid_lft forever preferred_lft forever
2: ens33: <BROADCAST,MULTICAST,UP,LOWER_UP> mtu 1500 qdisc pfifo_fast state UP group default qlen 1000
    link/ether 00:0c:29:4c:05:92 brd ff:ff:ff:ff:ff:ff
    inet 192.168.99.133/24 brd 192.168.99.255 scope global noprefixroute ens33
       valid_lft forever preferred_lft forever
    inet 192.168.99.150/24 brd 192.168.99.255 scope global secondary ens33:0
       valid_lft forever preferred_lft forever
```

3. 配置路由

为确保请求的目标IP是$VIP时，返回的数据包的源地址也显示为$VIP，在七层负载均衡服务器上，需要给ens33:0网卡添加路由，具体命令如下所示。

```
[root@nginx1 ~]# route add -host 192.168.88.150 dev ens33:0
```

为了防止重启失效，追加如下内容至开机自启文件中，具体命令如下所示。

```
[root@nginx1 ~]# cat /etc/rc.local | tail -1
/sbin/route add -host 192.168.99.150  dev lo:0
```

4. 配置 ARP

配置ARP，在/etc/sysctl.conf文件中编辑代码，忽略ARP请求。即用户直接对该服务器进行访问，该服务器不会应答，但是当收到LVS分配的请求时，可以使用192.168.99.150的身份进行回复。配置内容如下所示。

```
[root@nginx1 ~]# cat /etc/sysctl.conf

net.ipv4.conf.all.arp_ignore = 1
net.ipv4.conf.all.arp_announce = 2
net.ipv4.conf.default.arp_ignore = 1
net.ipv4.conf.default.arp_announce = 2
net.ipv4.conf.lo.arp_ignore = 1
net.ipv4.conf.lo.arp_announce = 2
```

修改完成系统配置文件后,可以更新配置结果到内存,具体命令如下所示。

```
[root@nginx1 ~]# sysctl -p
net.ipv4.conf.all.arp_ignore = 1
net.ipv4.conf.all.arp_announce = 2
net.ipv4.conf.default.arp_ignore = 1
net.ipv4.conf.default.arp_announce = 2
net.ipv4.conf.lo.arp_ignore = 1
net.ipv4.conf.lo.arp_announce = 2
```

8.5.3 测试服务可用性

一旦LVS与HAProxy相互"认识",并确定其身份,用户就可以通过LVS提供的虚拟地址,享受商城服务。在浏览器中输入虚拟IP"192.168.99.150",对网站进行访问,如图8.16所示。

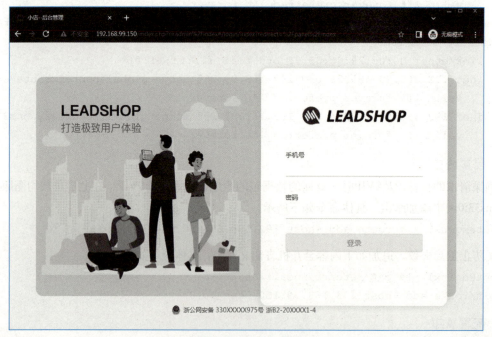

图8.16 访问结果

由图8.16可知,通过该虚拟IP可以访问到Leadshop系统,实验部署成功。下面对LVS的高可用性进行测试。

1. 观察 LVS 路由条目

虚拟IP默认在主LVS上,在主LVS中输入代码观察LVS的路由条目,具体命令如下所示。

```
[root@lvs1 ~]# ipvsadm -Ln
IP Virtual Server version 1.2.1 (size=4096)
Prot LocalAddress:Port Scheduler Flags
  -> RemoteAddress:Port           Forward Weight ActiveConn InActConn
TCP  192.168.99.150:80 rr
  -> 192.168.99.133:80            Route   1      2          0
  -> 192.168.99.135:80            Route   1      2          0
```

通过这段代码可知,当10.0.17.123收到请求时,将按照轮询算法循环将请求派发至10.0.17.16和10.0.17.17两台服务器进行处理。

2. 观察 VIP 的位置

观察VIP在哪台服务器上,可以在部署LVS的服务器上查询IP地址,若在IP地址中可以看到VIP,则说明VIP在当前服务器上。

首先在主LVS中查询IP地址,结果如下所示。

```
[root@lvs1 ~]# ip a
1: lo: <LOOPBACK,UP,LOWER_UP> mtu 65536 qdisc noqueue state UNKNOWN group default qlen 1000
    link/loopback 00:00:00:00:00:00 brd 00:00:00:00:00:00
    inet 127.0.0.1/8 scope host lo
       valid_lft forever preferred_lft forever
    inet6 ::1/128 scope host
       valid_lft forever preferred_lft forever
2: ens33: <BROADCAST,MULTICAST,UP,LOWER_UP> mtu 1500 qdisc pfifo_fast state UP group default qlen 1000
    link/ether 00:0c:29:34:74:d8 brd ff:ff:ff:ff:ff:ff
    inet 192.168.99.136/24 brd 192.168.99.255 scope global noprefixroute dynamic ens33
       valid_lft 1443sec preferred_lft 1443sec
    inet 192.168.99.150/24 scope global secondary ens33
       valid_lft forever preferred_lft forever
    inet6 fe80::e56e:9748:72b9:e227/64 scope link tentative noprefixroute dadfailed
       valid_lft forever preferred_lft forever
    inet6 fe80::26ee:b9a:7ab6:56e0/64 scope link tentative noprefixroute dadfailed
       valid_lft forever preferred_lft forever
    inet6 fe80::41ae:59f6:3e96:b615/64 scope link tentative noprefixroute dadfailed
       valid_lft forever preferred_lft forever
```

由上述结果可知,主LVS的地址为192.168.99.136,同时VIP192.168.99.150也在主LVS上。当主LVS由于意外发生宕机时,Keepalived会将VIP转移至从LVS,后续服务将由从LVS负责。

3. 测试 LVS 是否可以自动切换

接下来,模拟主LVS宕机的场景,测试论坛能否继续访问,若能继续访问,则说明两台LVS以

Keepalived为媒介成功实现高可用。

关闭主LVS上的Keepalived，具体命令如下所示。

```
[root@lvs1 ~]# systemctl stop keepalived
```

在浏览器中访问VIP，结果如图8.17所示。

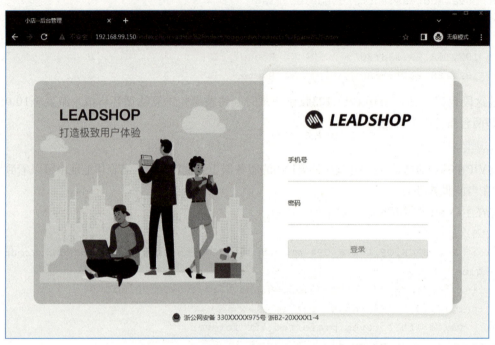

图 8.17　访问结果

通过图8.17可知，尽管此时主LVS已宕机，但商城网站依旧可用。按照Keepalived工作机制，当主LVS宕机时，此时提供服务的服务器已变成从LVS，在从LVS中查看IP，结果如下所示。

```
[root@lvs2 ~]# ip a
1: lo: <LOOPBACK,UP,LOWER_UP> mtu 65536 qdisc noqueue state UNKNOWN group 
default qlen 1000
    link/loopback 00:00:00:00:00:00 brd 00:00:00:00:00:00
    inet 127.0.0.1/8 scope host lo
       valid_lft forever preferred_lft forever
    inet6 ::1/128 scope host
       valid_lft forever preferred_lft forever
2: ens33: <BROADCAST,MULTICAST,UP,LOWER_UP> mtu 1500 qdisc pfifo_fast state UP 
group default qlen 1000
    link/ether 00:0c:29:fa:71:8e brd ff:ff:ff:ff:ff:ff
    inet 192.168.99.137/24 brd 192.168.99.255 scope global noprefixroute dynamic ens33
       valid_lft 1240sec preferred_lft 1240sec
    inet 192.168.99.150/24 scope global secondary ens33
       valid_lft forever preferred_lft forever
    inet6 fe80::e56e:9748:72b9:e227/64 scope link tentative noprefixroute dadfailed
```

```
        valid_lft forever preferred_lft forever
    inet6 fe80::26ee:b9a:7ab6:56e0/64 scope link tentative noprefixroute dadfailed
        valid_lft forever preferred_lft forever
    inet6 fe80::41ae:59f6:3e96:b615/64 scope link tentative noprefixroute dadfailed
        valid_lft forever preferred_lft forever
```

观察上述代码可以发现,VIP已转移至从LVS中。四层负载均衡服务部署完成,且成功实现了高可用。

8.6 数据库集群

每个用户与网站交互都会产生大量数据。如果不进行优化处理,随着数据量的增加和读写频率的提高,数据库的性能将逐渐降低。为了提高用户体验并保证数据库不受数据增长的影响,必须对数据库进行优化。

优化数据库性能的方式很多,包括增设缓存、主从复制、读写分离等,因机器性能有限,本案例采用主从复制的方式优化数据库。如果需要了解其他方法,可参考本书第3章和第4章。

8.6.1 准备数据

业务首次上线,数据库中的数据为空。登录数据库,查看leadshop库的商品表,具体命令如下所示。

```
mysql> use leadshop;
Reading table information for completion of table and column names
You can turn off this feature to get a quicker startup with -A

Database changed
mysql> show tables;
+--------------------------------+
|       Tables_in_leadshop       |
+--------------------------------+
| le_account                     |
| le_cart                        |
| le_collect_log                 |
| le_coupon                      |
| le_finance                     |
| le_fitment                     |
| le_fitment_page                |
| le_fitment_template            |
| le_gallery                     |
| le_gallery_group               |
| le_goods                       |
| le_goods_body                  |
| le_goods_coupon                |
| le_goods_data                  |
```

```
| le_goods_export                  |
| le_goods_group                   |
| le_goods_param                   |
| le_goods_param_template          |
| le_goods_service                 |
| le_live_goods                    |
| le_live_room                     |
| le_logistics_freight_template    |
| le_logistics_package_free        |
| le_order                         |
| le_order_after                   |
| le_order_after_export            |
| le_order_batch_handle            |
| le_order_buyer                   |
| le_order_evaluate                |
| le_order_export                  |
| le_order_freight                 |
| le_order_freight_goods           |
| le_order_goods                   |
| le_order_pay                     |
| le_promoter                      |
| le_promoter_commission           |
| le_promoter_goods                |
| le_promoter_level                |
| le_promoter_level_change_log     |
| le_promoter_lose_log             |
| le_promoter_material             |
| le_promoter_order                |
| le_promoter_zone                 |
| le_promoter_zone_upvote          |
| le_roles                         |
| le_rules                         |
| le_sms_code_log                  |
| le_statistical_goods_visit_log   |
| le_statistical_upload_log        |
| le_statistical_visit_log         |
| le_store_address                 |
| le_store_setting                 |
| le_task                          |
| le_task_goods                    |
| le_task_log                      |
| le_task_score                    |
| le_task_user                     |
```

```
| le_user                 |
| le_user_address         |
| le_user_coupon          |
| le_user_export          |
| le_user_label           |
| le_user_label_log       |
| le_user_oauth           |
| le_user_statistical     |
| le_waybill              |
+-------------------------+
66 rows in set (0.02 sec)
```

由上述结果可知，leadshop系统包含66个数据表。需要注意的是，在配置数据库主从复制的功能之前，要保证数据库存在数据。

这里以le_goods商品表为例准备数据。首先查看商品表的数据，具体命令如下所示。

```
mysql> select * from le_goods;
Empty set (0.00 sec)
```

然后开始准备数据。在浏览器中访问网站VIP，然后使用管理员账户登录，进入首页，如图8.18所示。

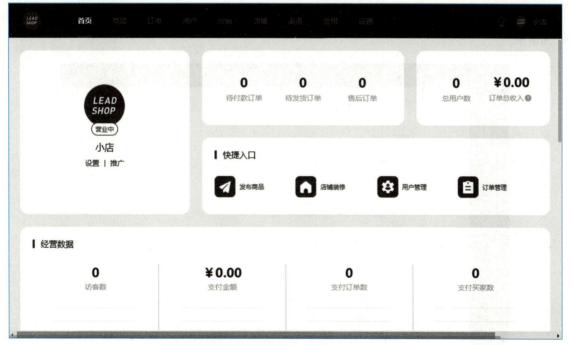

图 8.18　访问首页

登录成功后，单击"发布商品"选项，进入商品编辑页面，如图8.19所示。

图 8.19 基本信息

填写商品名称和商品副标题,然后单击商品分类对应的"新建分类"超链接,添加商品类别,如图8.20所示。

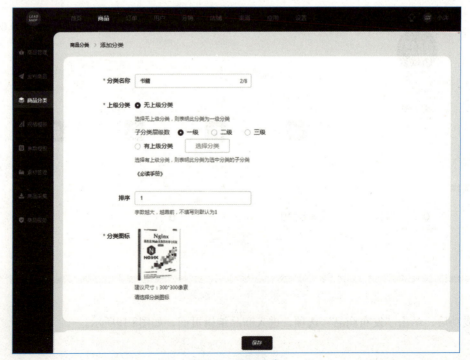

图 8.20 添加分类

信息填写完成后,单击"保存"按钮。单击图8.19中商品分类对应的"刷新"按钮,然后单击"选择分类"按钮,如图8.21所示。

图 8.21 选择分类

勾选"书籍"类别,单击"确定"按钮即可。上传并选择商品轮播图,如图8.22所示。

图 8.22 选择图片

选择商品轮播图要使用的图片,单击"确定"按钮。至此,商品的基本信息填写完成,如图8.23所示。

图 8.23　填写完成基本信息

单击"下一步"按钮,填写价格库存信息,如图8.24所示。

图 8.24　价格库存

单击"下一步"按钮，填写物流设置信息，如图8.25所示。

图 8.25　物流设置

单击"下一步"按钮，填写营销设置信息，如图8.26所示。

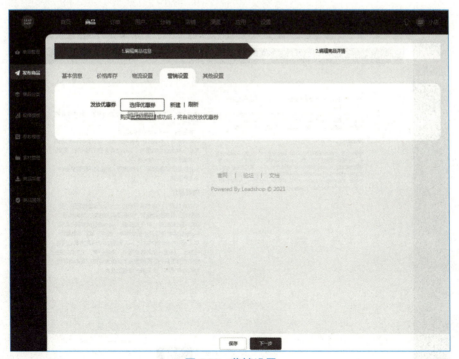

图 8.26　营销设置

单击"下一步"按钮,设置其他信息,如图8.27所示。

图 8.27　其他设置

单击"下一步"按钮,编辑商品详情信息,如图8.28所示。

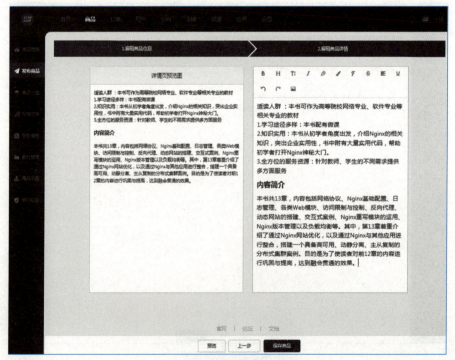

图 8.28　编辑商品详情

单击"保存商品"按钮,完成了一条商品信息的录入,如图8.29所示。

图 8.29　商品管理信息

作为系统管理员,除了在前台使用系统外,还需要清楚服务器的各种设置和数据存储的位置,以免因数据量过大或其他问题导致的服务器损坏,从而影响用户体验。

由图8.29可知,目前只录入了一条商品信息。查看商品表的数据,具体命令如下所示。

```
mysql> select * from le_goods\G
*************************** 1. row ***************************
              id: 1
            name: Nginx高性能Web服务器应用与实践
           price: 59.80
      line_price: 59.80
           group: -1-
          status: 0
      param_type: 1
            unit: 件
       slideshow: ["HESHOP_URL_STRING/upload/image/2022/04/29/f7d65d02a3611bb77
b11f908b5f2db1d.png","HESHOP_URL_STRING/upload/image/2022/04/29/e44c274a7b038b60d5e
03cd10df568fd.png"]
        is_video: 0
           video: []
     video_cover:
         is_real: 1
         is_sale: 1
            tags:
          stocks: 1000
```

```
          reduce_stocks: 2
                ft_type: 1
               ft_price: 10.00
                  ft_id: NULL
             pfr_status: 0
                 pfr_id: NULL
       limit_buy_status: 0
         limit_buy_type: NULL
        limit_buy_value: NULL
             min_number: 1
                   sort: 1
               services: []
                 visits: 0
          virtual_sales: 0
                  sales: 0
            merchant_id: 1
                  AppID: 98c08c25f8136d590c
           created_time: 1651212440
           updated_time: 1651212440
           deleted_time: NULL
             is_recycle: 0
             is_deleted: 0
           sales_amount: 0.00
            is_promoter: 0
              max_price: 59.80
            max_profits: NULL
1 row in set (0.00 sec)
```

由上述结果可知，当前le_goods表中只有一条记录，其中商品名为"Nginx高性能Web服务器应用与实践"，价格为"59.80"，这正是之前在网页上发布的商品。

8.6.2 配置主库

数据准备完成后，在主数据库上做以下工作。

1. 开启二进制日志

在MySQL配置文件的[mysqld]模块下开启二进制日志，具体命令如下所示。

```
[root@mysql1 ~]# vim /etc/my.cnf
[mysqld]
......
log_bin
server-id=1
......
```

配置完成后，重启MySQL使配置生效。

```
[root@qfedu ~]# systemctl restart mariadb
```

2. 创建复制用户

在主数据库服务器的MySQL中创建用于复制的用户,并授予从库服务器需要的权限,具体命令如下所示。

```
[root@mysql1 ~]# mysql -u root -p'qf@123.coM'
mysql: [Warning] Using a password on the command line interface can be insecure.
Welcome to the MySQL monitor.  Commands end with ; or \g.
Your MySQL connection id is 2
Server version: 5.7.37-log MySQL Community Server (GPL)

Copyright (c) 2000, 2022, Oracle and/or its affiliates.

Oracle is a registered trademark of Oracle Corporation and/or its
affiliates. Other names may be trademarks of their respective
owners.

Type 'help;' or '\h' for help. Type '\c' to clear the current input statement.

mysql> grant replication slave, replication client on *.* to 'rep'@'192.168.99.%' identified by 'qf@123.coM';
Query OK, 0 rows affected, 1 warning (0.06 sec)

mysql> flush privileges;
Query OK, 0 rows affected (0.02 sec)

mysql> \q
Bye
```

上述代码中,在主数据库服务器的MySQL中创建了用于复制的用户"rep",并授予了从库服务器的相关权限。

3. 备份主库现有数据

授权完成后,将现有的数据打包成.sql文件,发送给从库服务器,具体命令如下所示。

```
[root@mysql1 ~]# mysqldump -p'qf@123.coM' --all-databases --single-transaction --master-data=2 --flush-logs > 'date +%F'-mysql-all.sql
mysqldump: [Warning] Using a password on the command line interface can be insecure.
[root@mysql1 ~]# ls
2022-05-05-mysql-all.sql  anaconda-ks.cfg
[root@mysql1 ~]# scp -r 2022-05-05-mysql-all.sql 192.168.99.138:/tmp/
root@192.168.99.138's password:
2022-05-05-mysql-all.sql                      100% 1043KB  27.5MB/s   00:00
```

由上述结果可知,生成的.sql文件以当日日期命名,并被发送至从库服务器的/tmp目录下。查看生成的数据库文件,查找二进制日志的分割点,查询结果如下所示。

```
[root@mysql1 ~]# cat 2022-05-05-mysql-all.sql | grep 'CHANGE MASTER TO MASTER_
LOG_FILE='
-- CHANGE MASTER TO MASTER_LOG_FILE='mysql1-bin.000003', MASTER_LOG_POS=154;
```

由上述结果可知,当前日志切割文件为"mysql1-bin.000003",位置是"154"。

4. 新增测试数据

当前准备的.sql文件中只有一条商品信息,按照8.6.1节演示的方式再次发布商品,后期配置从库之后,观察从库是否能自动同步新数据。新增商品的内容如图8.30所示。

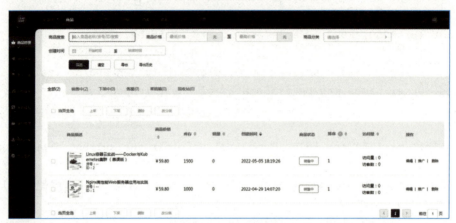

图 8.30 商品信息

在主库的数据库中进行查询,也可以看到商城系统的商品表le_goods中有两条数据,具体命令如下所示。

```
mysql> select * from le_goods\G
*************************** 1. row ***************************
            id: 1
          name: Nginx高性能Web服务器应用与实践
         price: 59.80
    line_price: 59.80
         group: -1-
        status: 0
    param_type: 1
          unit: 件
     slideshow: ["HESHOP_URL_STRING/upload/image/2022/04/29/f7d65d02a3611bb77
b11f908b5f2db1d.png","HESHOP_URL_STRING/upload/image/2022/04/29/e44c274a7b038b60d5e
03cd10df568fd.png"]
      is_video: 0
         video: []
   video_cover:
       is_real: 1
       is_sale: 1
          tags:
```

```
                   stocks: 1000
            reduce_stocks: 2
                  ft_type: 1
                 ft_price: 10.00
                    ft_id: NULL
               pfr_status: 0
                   pfr_id: NULL
         limit_buy_status: 0
           limit_buy_type: NULL
          limit_buy_value: NULL
               min_number: 1
                     sort: 1
                 services: []
                   visits: 0
            virtual_sales: 0
                    sales: 0
              merchant_id: 1
                    AppID: 98c08c25f8136d590c
             created_time: 1651212440
             updated_time: 1651212440
             deleted_time: NULL
               is_recycle: 0
               is_deleted: 0
             sales_amount: 0.00
              is_promoter: 0
                max_price: 59.80
              max_profits: NULL
*************************** 2. row ***************************
                       id: 2
                     name: Linux容器云实战??Docker与Kubernetes集群（慕课版）
                    price: 59.80
               line_price: 0.00
                    group: -1-
                   status: 0
               param_type: 1
                     unit: 件
                 slideshow: ["HESHOP_URL_STRING/upload/image/2022/05/05/5eba0eac7245728192218d0cac43fd81.png"]
                 is_video: 0
                    video: []
              video_cover:
                  is_real: 1
                  is_sale: 1
```

```
                    tags:
                  stocks: 1500
           reduce_stocks: 2
                 ft_type: 1
                ft_price: 0.00
                   ft_id: NULL
              pfr_status: 0
                  pfr_id: NULL
        limit_buy_status: 0
          limit_buy_type: NULL
         limit_buy_value: NULL
              min_number: 1
                    sort: 1
                services: []
                  visits: 0
           virtual_sales: 300
                   sales: 0
             merchant_id: 1
                   AppID: 98c08c25f8136d590c
            created_time: 1651745966
            updated_time: 1651745966
            deleted_time: NULL
              is_recycle: 0
              is_deleted: 0
            sales_amount: 0.00
             is_promoter: 0
               max_price: 59.80
             max_profits: NULL
2 rows in set (0.00 sec)
```

由上述结果可知，这两条记录与网页上编辑的信息完全一致，数据也相同，说明新增数据写入成功。需要注意的是，发给从库的数据卷中只有一条数据记录，在从库中回滚数据后，查询帖子内容应只有一条。从库启动主从复制后，会自动同步新的数据，可以看到两条数据记录。

8.6.3 配置从库

新增一台服务器做从数据库服务器，从库的数据库依然采用MySQL实现，下载、安装及初始化数据库的过程，具体命令如下所示。

```
#删除MariaDB
[root@mysql2 ~]# rpm -qa | grep mariadb
mariadb-libs-5.5.60-1.el7_5.x86_64
[root@mysql2 ~]# rpm -e --nodeps mariadb-libs-5.5.60-1.el7_5.x86_64
[root@mysql2 ~]# rpm -qa | grep mariadb
```

#下载MySQL RPM包，并解析
```
[root@mysql2 ~]# wget https://dev.mysql.com/get/mysql80-community-release-el7-3.noarch.rpm
[root@mysql2 ~]# rpm -ivh mysql80-community-release-el7-3.noarch.rpm
```
#下载Yum管理工具包
```
[root@mysql2 ~]# yum -y install yum-utils
[root@mysql2 ~]# yum-config-manager --disable mysql80-community
[root@mysql2 ~]# yum-config-manager --enable mysql57-community
```
#下载MySQL
```
[root@mysql2 ~]# yum -y install mysql-community-server --nogpgcheck
[root@mysql2 ~]# systemctl start mysqld
[root@mysql2 ~]# systemctl enable mysqld
```
#修改登录密码
```
[root@mysql2 ~]#  grep "A temporary password" /var/log/mysqld.log
2022-05-06T08:34:32.457926Z 1 [Note] A temporary password is generated for root@localhost: kphgcqHn_45J
[root@mysql2 ~]# mysql -u root -p'kphgcqHn_45J'
……省略连接过程……
mysql> ALTER USER 'root'@'localhost' IDENTIFIED WITH mysql_native_password BY 'qf@123.coM';
```

从数据库软件配置完成后，需要完成以下工作。

1. 测试复制账户是否可用

使用账户"rep"与密码"123456"远程登录主数据库服务器，登录结果如下所示。

```
[root@mysql2 ~]# mysql -h 192.168.99.132 -urep -p'qf@123.coM'
mysql: [Warning] Using a password on the command line interface can be insecure.
Welcome to the MySQL monitor.  Commands end with ; or \g.
Your MySQL connection id is 152
Server version: 5.7.37-log MySQL Community Server (GPL)

Copyright (c) 2000, 2022, Oracle and/or its affiliates.

Oracle is a registered trademark of Oracle Corporation and/or its
affiliates. Other names may be trademarks of their respective
owners.

Type 'help;' or '\h' for help. Type '\c' to clear the current input statement.

mysql> show databases;
+--------------------+
|     Database       |
+--------------------+
| information_schema |
```

```
+--------------------+
1 row in set (0.00 sec)

mysql> \q
Bye
```

通过上述代码可知，rep账户可以登录并使用主服务器的数据库，说明该账户可用。

2. 启动从服务器序号

在MySQL配置文件的[mysqld]模块中添加以下代码，将从服务器加入数据库集群中，具体命令如下所示。

```
[root@mysql2 ~]# vim /etc/my.cnf
server-id=2
```

添加完成后，重启MySQL使配置生效。

```
[root@mysql2 ~]# systemctl restart mysqld
```

3. 恢复同步数据

登录数据库，使用source命令对日志事务进行回滚操作，将主库准备的数据卷恢复到从库中，具体代码如下所示。

```
[root@mysql2 ~]# mysql -uroot -p'qf@123.coM'
mysql: [Warning] Using a password on the command line interface can be insecure.
Welcome to the MySQL monitor.  Commands end with ; or \g.
Your MySQL connection id is 3
Server version: 5.7.38 MySQL Community Server (GPL)

Copyright (c) 2000, 2022, Oracle and/or its affiliates.

Oracle is a registered trademark of Oracle Corporation and/or its
affiliates. Other names may be trademarks of their respective
owners.

Type 'help;' or '\h' for help. Type '\c' to clear the current input statement.

mysql> set sql_log_bin=0;
Query OK, 0 rows affected (0.00 sec)
mysql> source /tmp/2022-05-05-mysql-all.sql
Query OK, 0 rows affected (0.00 sec)

……此处省略部分代码……

Query OK, 0 rows affected (0.00 sec)
```

导入完成后查看从数据库中的数据，查询结果如下所示。

```
mysql> use leadshop;
Database changed
mysql> select * from le_goods\G
*************************** 1. row ***************************
              id: 1
            name: Nginx高性能Web服务器应用与实践
           price: 59.80
      line_price: 59.80
           group: -1-
          status: 0
      param_type: 1
            unit: 件
       slideshow: ["HESHOP_URL_STRING/upload/image/2022/04/29/f7d65d02a3611bb77
b11f908b5f2db1d.png","HESHOP_URL_STRING/upload/image/2022/04/29/e44c274a7b038b60d5e
03cd10df568fd.png"]
        is_video: 0
           video: []
     video_cover:
         is_real: 1
         is_sale: 1
            tags:
          stocks: 1000
   reduce_stocks: 2
         ft_type: 1
        ft_price: 10.00
           ft_id: NULL
      pfr_status: 0
          pfr_id: NULL
limit_buy_status: 0
  limit_buy_type: NULL
 limit_buy_value: NULL
      min_number: 1
            sort: 1
        services: []
          visits: 0
   virtual_sales: 0
           sales: 0
     merchant_id: 1
           AppID: 98c08c25f8136d590c
    created_time: 1651212440
    updated_time: 1651212440
    deleted_time: NULL
       is_recycle: 0
```

```
            is_deleted: 0
         sales_amount: 0.00
          is_promoter: 0
            max_price: 59.80
          max_profits: NULL
1 row in set (0.00 sec)
```

由上述结果可知，当前数据库中只存有一条数据。这是因为当前仅恢复了之前主库的数据，并未启动主从复制功能，主库的新增数据只有从库开启主从复制后才能自动同步。

4. 设置主服务器

在开启主从复制功能之前应指定从库的主是谁，以及从库该从哪里开始同步。根据之前查询到的二进制日志切割点进行设置，具体命令如下所示。

```
mysql> change master to
    -> master_host='192.168.99.132',
    -> master_user='rep',
    -> master_password='qf@123.coM',
    -> master_log_file='mysql1-bin.000003',
    -> MASTER_LOG_POS=154;
Query OK, 0 rows affected, 2 warnings (0.05 sec)
```

上述代码设定数据库集群的主库为"192.168.99.132"，数据备份使用的账户为"rep"，密码为"qf@123.coM"，从主库的"mysql1-bin.000003"日志文件的"154"位置开始主从同步。

5. 启动从设备

输入start slave命令开启从服务器的同步功能。

```
mysql> start slave;
Query OK, 0 rows affected (0.02 sec)
```

6. 观察启动状态

在从数据库中查看当前从服务器的主从复制状态，查询结果如下所示。

```
mysql> show slave status\G
*************************** 1. row ***************************
               Slave_IO_State: Waiting for master to send event
                  Master_Host: 192.168.99.132
                  Master_User: rep
                  Master_Port: 3306
                Connect_Retry: 60
              Master_Log_File: mysql1-bin.000003
          Read_Master_Log_Pos: 6773
               Relay_Log_File: mysql2-relay-bin.000002
                Relay_Log_Pos: 6940
        Relay_Master_Log_File: mysql1-bin.000003
             Slave_IO_Running: Yes
            Slave_SQL_Running: Yes
```

```
               Replicate_Do_DB:
           Replicate_Ignore_DB:
            Replicate_Do_Table:
        Replicate_Ignore_Table:
       Replicate_Wild_Do_Table:
   Replicate_Wild_Ignore_Table:
                     Last_Errno: 0
                     Last_Error:
                   Skip_Counter: 0
            Exec_Master_Log_Pos: 6773
                Relay_Log_Space: 7148
                Until_Condition: None
                 Until_Log_File:
                  Until_Log_Pos: 0
             Master_SSL_Allowed: No
             Master_SSL_CA_File:
             Master_SSL_CA_Path:
                Master_SSL_Cert:
              Master_SSL_Cipher:
                 Master_SSL_Key:
          Seconds_Behind_Master: 0
Master_SSL_Verify_Server_Cert: No
                  Last_IO_Errno: 0
                  Last_IO_Error:
                 Last_SQL_Errno: 0
                 Last_SQL_Error:
    Replicate_Ignore_Server_Ids:
               Master_Server_Id: 1
                    Master_UUID: 6a2d9112-bc7f-11ec-966d-000c2966e5b3
               Master_Info_File: /var/lib/mysql/master.info
                      SQL_Delay: 0
            SQL_Remaining_Delay: NULL
        Slave_SQL_Running_State: Slave has read all relay log; waiting for more updates
             Master_Retry_Count: 86400
                    Master_Bind:
        Last_IO_Error_Timestamp:
       Last_SQL_Error_Timestamp:
                 Master_SSL_Crl:
             Master_SSL_Crlpath:
             Retrieved_Gtid_Set:
              Executed_Gtid_Set:
                  Auto_Position: 0
             Replicate_Rewrite_DB:
```

```
              Channel_Name: 
          Master_TLS_Version: 
1 row in set (0.00 sec)
```

由上述结果可知，从库通过3306端口进行主从复制。此时Slave_IO_Running状态为Yes，Slave_SQL_Running的状态为Yes，表示主从复制搭建成功。查看同步后的数据，具体命令如下所示。

```
mysql> select * from le_goods\G
*************************** 1. row ***************************
            id: 1
          name: Nginx高性能Web服务器应用与实践
         price: 59.80
    line_price: 59.80
         group: -1-
        status: 0
    param_type: 1
          unit: 件
      slideshow: ["HESHOP_URL_STRING/upload/image/2022/04/29/f7d65d02a3611bb77b11f908b5f2db1d.png","HESHOP_URL_STRING/upload/image/2022/04/29/e44c274a7b038b60d5e03cd10df568fd.png"]
      is_video: 0
         video: []
   video_cover: 
       is_real: 1
       is_sale: 1
          tags: 
        stocks: 1000
 reduce_stocks: 2
       ft_type: 1
      ft_price: 10.00
         ft_id: NULL
    pfr_status: 0
        pfr_id: NULL
limit_buy_status: 0
 limit_buy_type: NULL
limit_buy_value: NULL
    min_number: 1
          sort: 1
      services: []
        visits: 0
 virtual_sales: 0
         sales: 0
    merchant_id: 1
         AppID: 98c08c25f8136d590c
```

```
         created_time: 1651212440
         updated_time: 1651212440
         deleted_time: NULL
           is_recycle: 0
           is_deleted: 0
         sales_amount: 0.00
          is_promoter: 0
            max_price: 59.80
          max_profits: NULL
*************************** 2. row ***************************
                   id: 2
                 name: Linux容器云实战——Docker与Kubernetes集群（慕课版）
                price: 59.80
           line_price: 0.00
                group: -1-
               status: 0
           param_type: 1
                 unit: 件
            slideshow: ["HESHOP_URL_STRING/upload/image/2022/05/05/5eba0eac7245728192218d0cac43fd81.png"]
             is_video: 0
                video: []
          video_cover:
              is_real: 1
              is_sale: 1
                 tags:
               stocks: 1500
        reduce_stocks: 2
              ft_type: 1
             ft_price: 0.00
                ft_id: NULL
           pfr_status: 0
               pfr_id: NULL
     limit_buy_status: 0
       limit_buy_type: NULL
      limit_buy_value: NULL
           min_number: 1
                 sort: 1
             services: []
               visits: 0
        virtual_sales: 300
                sales: 0
          merchant_id: 1
```

```
           AppID: 98c08c25f8136d590c
    created_time: 1651745966
    updated_time: 1651745966
    deleted_time: NULL
      is_recycle: 0
      is_deleted: 0
    sales_amount: 0.00
     is_promoter: 0
       max_price: 59.80
     max_profits: NULL
2 rows in set (0.00 sec)
```

由上述结果可知，从服务器已自动同步未打包的数据，成功实现主从复制。

8.6.4 同步测试

数据库主从复制配置完成后，可以对该功能进行测试。在浏览器中访问商城系统，进行商品的发布，之后在从数据库中查看是否自动同步了新增的商品。新增商品的内容如图8.31所示。

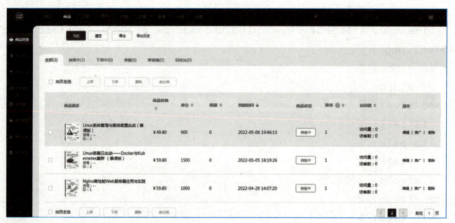

图 8.31 商品列表

在商城上发布商品后，查看从库的数据信息，查询结果如下所示。

```
mysql> select * from le_goods\G
*************************** 1. row ***************************
            id: 1
          name: Nginx高性能Web服务器应用与实践
         price: 59.80
    line_price: 59.80
         group: -1-
        status: 0
    param_type: 1
          unit: 件
     slideshow: ["HESHOP_URL_STRING/upload/image/2022/04/29/f7d65d02a3611bb77
b11f908b5f2db1d.png","HESHOP_URL_STRING/upload/image/2022/04/29/e44c274a7b038b60d5e
```

03cd10df568fd.png"]
               is_video: 0
                  video: []
            video_cover:
                is_real: 1
                is_sale: 1
                   tags:
                 stocks: 1000
          reduce_stocks: 2
                ft_type: 1
               ft_price: 10.00
                  ft_id: NULL
             pfr_status: 0
                 pfr_id: NULL
       limit_buy_status: 0
         limit_buy_type: NULL
        limit_buy_value: NULL
             min_number: 1
                   sort: 1
               services: []
                 visits: 0
          virtual_sales: 0
                  sales: 0
            merchant_id: 1
                  AppID: 98c08c25f8136d590c
           created_time: 1651212440
           updated_time: 1651212440
           deleted_time: NULL
             is_recycle: 0
             is_deleted: 0
           sales_amount: 0.00
            is_promoter: 0
              max_price: 59.80
            max_profits: NULL
*************************** 2. row ***************************
                     id: 2
                   name: Linux容器云实战??Docker与Kubernetes集群（慕课版）
                  price: 59.80
             line_price: 0.00
                  group: -1-
                 status: 0
             param_type: 1
                   unit: 件

```
          slideshow: ["HESHOP_URL_STRING/upload/image/2022/05/05/5eba0eac724572819
2218d0cac43fd81.png"]
           is_video: 0
              video: []
        video_cover:
            is_real: 1
            is_sale: 1
               tags:
             stocks: 1500
      reduce_stocks: 2
            ft_type: 1
           ft_price: 0.00
              ft_id: NULL
         pfr_status: 0
             pfr_id: NULL
   limit_buy_status: 0
     limit_buy_type: NULL
    limit_buy_value: NULL
         min_number: 1
               sort: 1
           services: []
             visits: 0
      virtual_sales: 300
              sales: 0
        merchant_id: 1
              AppID: 98c08c25f8136d590c
       created_time: 1651745966
       updated_time: 1651745966
       deleted_time: NULL
         is_recycle: 0
         is_deleted: 0
       sales_amount: 0.00
        is_promoter: 0
          max_price: 59.80
        max_profits: NULL
*************************** 3. row ***************************
                 id: 3
               name: Linux系统管理与服务配置实战（慕课版）
              price: 49.80
         line_price: 0.00
              group: -1-
             status: 0
         param_type: 1
```

```
              unit: 件
          slideshow: ["HESHOP_URL_STRING/upload/image/2022/05/06/fd78d07f9db34b7d3
157f9913241be3d.png"]
          is_video: 0
             video: []
       video_cover:
           is_real: 1
           is_sale: 1
              tags:
            stocks: 900
     reduce_stocks: 2
           ft_type: 1
          ft_price: 0.00
             ft_id: NULL
        pfr_status: 0
            pfr_id: NULL
  limit_buy_status: 0
    limit_buy_type: NULL
   limit_buy_value: NULL
        min_number: 1
              sort: 1
          services: []
            visits: 0
     virtual_sales: 200
             sales: 0
       merchant_id: 1
             AppID: 98c08c25f8136d590c
      created_time: 1651837573
      updated_time: 1651837573
      deleted_time: NULL
        is_recycle: 0
        is_deleted: 0
      sales_amount: 0.00
       is_promoter: 0
         max_price: 49.80
       max_profits: NULL
3 rows in set (0.00 sec)
```

由上述结果可知，当前从库中存有三条数据，且与发布的商品信息一致。说明系统有新增数据时，从库主动同步了主库的信息。实际上，除了对数据库进行主从复制进行优化之外，还可以对数据库进行读写分离、缓存、分表等一系列操作，感兴趣的读者可以自行研究。

小　　结

本章从项目准备开始到集群测试结束，通过一个完整的项目展示了Linux集群架构。项目通过上线Leadshop网站演示了一个较完整的网站集群。请求通过前端接收，经过LVS四层负载、Nginx七层负载的转发，直至后端服务器处理请求，通过数据库集群拿到响应结果，最后返回前端，实现集群的一次响应。完成该项目不仅需要读者熟悉集群架构原理，更需要读者熟悉集群部署的流程和逻辑，具备集群构建的能力。希望读者理解项目中的功能模块，了解相关软件的原理及使用，为实际工作中的集群构建奠定良好的基础。

习　　题

在四层＋七层负载集群上，部署一个 Nginx Web 网站。

第 9 章

大型网站集群架构项目二

学习目标

◎ 掌握搭建完整网站集群架构的方式。
◎ 掌握 HAProxy+Keepalived 的部署方式。
◎ 掌握共享存储集群的搭建方式。

通过第8章的学习，读者已经掌握高并发大型网站的集群部署以及优化的基本操作。但是在实际生产环境中，一个网站的高可用性是至关重要的。本章介绍如何通过HAProxy+Keepalived高可用集群的部署，提高网站的稳定性和可靠性，确保在服务器宕机或其他故障情况下，网站能够保持正常运行，从而更好地服务于用户。作为系统管理员，了解这些技术，及时维护系统，才能保证网站能够始终如一地为用户提供稳定、高效、可靠的服务。

9.1 项目准备

本章同样是基于一个综合项目对全书内容进行总结。对本书的重点知识，如HAProxy七层负载、Keepalived高可用软件、共享存储集群等进行回顾，进一步掌握集群的架构技术。

9.1.1 项目说明

本章将介绍通过搭建集群实现新闻系统的高可用和负载均衡。当用户通过网络访问新闻系统的网站地址时，请求会被HAProxy前端负载均衡器接收并轮询到后端的LAMP Web服务器和LNMP Web服务器。这两种Web服务器上部署了新闻系统虚拟主机网站内容，并通过Web服务将用户注册登录、发布新闻等内容写入MySQL数据库。同时，用户上传新闻图片、视频、附件头像等文件时，数据会通过Web服务传到共享存储NFS服务器上。保证所有服务器时间保持一致，并对重要数据进行定时备份，NFS存储的静态文件数据会实时同步到备份服务器上，完成实时的数据热备。此外，HAProxy还被配置为高可用模式，实现宕机后由备机自动接管服务。

9.1.2 项目设计

本项目搭建的HAProxy+Keepalived网站集群的架构图如图9.1所示。

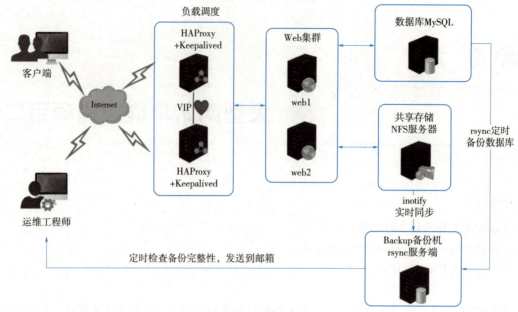

图 9.1　集群网站架构图

该架构中用到的服务器及技术解释如下所示。
◎ 七层负载均衡器（HAProxy+Keepalived）。
◎ web1服务器（Apache+PHP）。
◎ web2服务器（Nginx+PHP）。
◎ 数据库服务器（MySQL）。
◎ 共享存储服务器（NFS+rsync+inotify-tools）。
◎ backup（rsync）。

9.1.3　项目实施

本项目以LNMP架构为基础，首先搭建小型网站集群，并上线内容管理系统，然后分离部署数据库。在完成Web集群搭建之后，进一步对网站进行架构升级，配置七层负载均衡器改善网站性能，并配置共享存储服务器以存储静态文件，同时配置备份服务器以确保网站数据安全备份。

要完成图中的网站架构部署，至少要准备八台可用的服务器。本项目使用云服务器，实验环境见表9.1。

表 9.1　实验环境

服务器角色	应用程序	私网 IP 地址	公网 IP 地址
Web 服务器 1	Apache+PHP	192.168.1.122	36.112.132.56
Web 服务器 2	Nginx+PHP	192.168.1.125	1.203.115.64
数据库服务器 MySQL	MySQL	192.168.1.17	1.203.115.30
共享存储 nfs	NFS+rsync+Inotify-tools	192.168.1.243	106.37.74.90
备份服务器 backup	rsync	192.168.1.225	36.112.156.88
七层负载均衡器 lb01	HAProxy+Keepalived	192.168.1.81	36.112.158.176
七层负载均衡器 lb02	HAProxy+Keepalived	VIP：192.168.1.250	弹性公网 IP：36.112.137.191
		192.168.1.8	36.112.135.50

使用云服务器时需要注意的是，根据实际需求选择区域购买，并保证集群中的主机在同一网段内。由表9.1可知，本案例需要将两台同一子网的弹性云服务器配置Keepalived，一台作为主服务器，另一台作为备份服务器，并将这两台弹性云服务器绑定同一个虚拟IP。虚拟IP需要登录云控制台，在VPC网络板块下申请，结果可以在VPC网络板块下查看。将虚拟IP与弹性公网IP绑定，即可从公网访问绑定了该虚拟IP地址的云服务器。

为所有主机配置域名解析，在/etc/hosts文件中加入以下代码。

```
192.168.1.122 web1
192.168.1.125 web2
192.168.1.17 mysql
192.168.1.243 nfs
192.168.1.225 backup
192.168.1.81 lb01
192.168.1.8 lb02
```

9.2 LNMP 部署网站

9.2.1 LNMP 架构

在Web服务器上搭建LNMP环境，以web1为例。首先安装Nginx，并设置开机自启，具体命令如下所示。

```
[root@web1 ~]# yum -y install epel-release
[root@web1 ~]# yum install -y nginx
[root@web1 ~]# systemctl start nginx
[root@web1 ~]# systemctl enable nginx
```

读者可根据2.3.2节的内容测试Nginx是否正常运行。

使用源码编译安装PHP，具体命令如下所示。

```
#安装编译工具及PHP的相关依赖包
[root@web1 ~]# yum install -y gcc gcc-c++ make zlib zlib-devel pcre pcre-devel libjpeg libjpeg-devel libpng libpng-devel freetype freetype-devel libxml2 libxml2-devel glibc glibc-devel glib2 glib2-devel bzip2 bzip2-devel ncurses ncurses-devel curl curl-devel e2fsprogs e2fsprogs-devel krb5 krb5-devel openssl openssl-devel openldap openldap-devel nss_ldap openldap-clients openldap-servers
#下载PHP软件包到/usr/local目录
[root@web1 ~]# cd /usr/local/
[root@web1 local]# wget https://www.php.net/distributions/php-7.2.20.tar.gz
#解压
[root@web1 local]# tar -zxf php-7.2.20.tar.gz
```

进入解压后的PHP目录，开始编译安装PHP，具体命令如下所示。

```
[root@web1 local]# cd php-7.2.20
[root@web1 local]# ./configure --prefix=/usr/local/php --with-config-file-path=/
```

```
usr/local/php --enable-mbstring --with-openssl --enable-ftp --with-gd --with-jpeg-
dir=/usr --with-png-dir=/usr --with-mysql=mysqlnd --with-mysqli=mysqlnd --with-
pdo-mysql=mysqlnd --with-pear --enable-sockets --with-freetype-dir=/usr --with-
zlib --with-libxml-dir=/usr --with-xmlrpc --enable-zip --enable-fpm --enable-xml
--enable-sockets --with-gd --with-zlib --with-iconv --enable-zip --with-freetype-
dir=/usr/lib/ --enable-soap --enable-pcntl --enable-cli --with-curl --enable-exif
--enable-bcmath
```

#安装
```
[root@web1 php-7.2.20]# make && make install
```

安装完成后，将php.ini文件备份至PHP安装目录，具体命令如下所示。
```
[root@web1 php-7.2.20]# cp php.ini-production /usr/local/php/php.ini
```

在环境配置文件/etc/profile中添加PHP环境变量，具体命令如下所示。
```
[root@web1 php-7.2.20]# export PATH=$PATH:/usr/local/php/bin
[root@web1 php-7.2.20]# source /etc/profile
```

查看当前PHP的版本，进一步验证PHP是否安装成功，具体命令如下所示。
```
[root@web1 php-7.2.20]# php -v
PHP 7.2.20 (cli) (built: Apr 20 2022 17:21:31) (NTS)
Copyright (c) 1997-2018 The PHP Group
Zend Engine v3.2.0, Copyright (c) 1998-2018 Zend Technologies
```

复制PHP-FPM的启动脚本，具体命令如下所示。
```
[root@web1 php-7.2.20]# cp ./sapi/fpm/init.d.php-fpm /etc/init.d/php-fpm
[root@web1 php-7.2.20]# chmod +x /etc/init.d/php-fpm
```

修改PHP-FPM的配置文件，具体命令如下所示。
```
[root@web1 php-7.2.20]# cd /usr/local/php/etc/
[root@web1 etc]# cp php-fpm.conf.default  php-fpm.conf

#删除pid = run/php-fpm.pid前面的分号
[root@web1 etc]# vim php-fpm.conf
……省略部分代码……
pid = run/php-fpm.pid

[root@web1 etc]# cd php-fpm.d/
[root@web1 php-fpm.d]# cp www.conf.default www.conf
```

将www.conf文件中的用户修改为user和group，默认用户和用户组为nobody。启动PHP-FPM，具体命令如下所示。
```
[root@web1 php-fpm.d]# /etc/init.d/php-fpm start
Starting php-fpm  done
[root@web1 php-fpm.d]# /etc/init.d/php-fpm status
php-fpm (pid 126518) is running...
```

查看PHP-FPM的进程信息，结果如下所示。

```
[root@web1 php-fpm.d]# ps -ef | grep php-fpm
root       20092     1  0 11:17 ?        00:00:00 php-fpm: master process (/usr/local/php/etc/php-fpm.conf)
nobody     20093 20092  0 11:17 ?        00:00:00 php-fpm: pool www
nobody     20094 20092  0 11:17 ?        00:00:00 php-fpm: pool www
root       30927 29760  0 11:25 pts/0    00:00:00 grep --color=auto php-fpm
```

在两台Web服务器上分别配置PHP测试页，测试网站是否能解析PHP语言。测试页面的编写代码及内容如下所示。

```
# vim /var/www/html/index.php
<?php
  phpinfo();
?>
```

编写完成后，输入:wq!，保存退出。

在浏览器中访问Web服务器的IP，结果如图9.2所示。

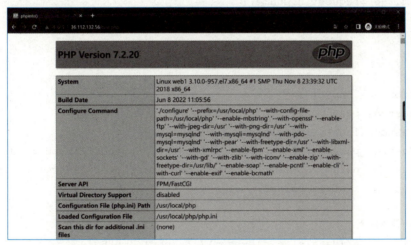

图 9.2　PHP 测试页

通过图9.2可知，Nginx与PHP都在正常工作。在web2服务器做与web1相同的操作。

9.2.2　上线业务

在web1服务器上创建网站目录/webdir，上传内容管理系统项目包，具体命令如下所示。

```
[root@web1 ~]# mkdir /webdir
[root@web1 ~]# cd /webdir/
[root@web1 webdir]# wget https://gitee.com/rpcms/RPCMS/repository/archive/master.zip
[root@web1 webdir]# ls
master.zip
[root@web1 webdir]# unzip master.zip
[root@web1 webdir]# ls
```

```
master.zip   RPCMS-master
```
设置网站目录的权限,具体命令如下所示。
```
[root@web1 webdir]# chmod 777 -R /webdir/*
```
Nginx默认只处理以.html结尾的文件,将.php文件加入网站处理的范围,更新网站接收的文件类型以及网站目录。创建网站配置文件,具体命令如下所示。
```
[root@web1 webdir]# vim /etc/nginx/conf.d/rpcms.conf
server {
    listen       80;
    server_name  localhost;
    charset utf-8;
    index index.php index.html;
    root /webdir/RPCMS-master;
    autoindex off;

    location / {
        if(!-e $request_filename){
          rewrite  ^(.*)$  /index.php?s=$1  last;   break;
        }
    }

    location ~ \.php$ {
        fastcgi_pass   127.0.0.1:9000;
        fastcgi_index  index.php;
        fastcgi_param  PHP_VALUE  "open_basedir=/webdir/:/tmp/:/var/tmp/";
        fastcgi_param  SCRIPT_FILENAME  $document_root$fastcgi_script_name;
        include fastcgi_params;
    }
    #配置伪静态规则
    location ~* ^/(data|plugin|system)/.*.(php|php5)$ {
        deny all;
    }
    location /RPCMS-master/ {
        if(!-e $request_filename){
            rewrite  ^/rpcms/(.*)$  /rpcms/index.php?s=$1  last;   break;
        }
    }
}
```
重新启动Nginx使配置文件生效,具体命令如下所示。
```
[root@web1 webdir]#systemctl restart nginx
```
有了执行权限,业务就可以在线上运行。重新启动Nginx服务后,使用浏览器访问web1的IP地址即可进入系统的安装协议页面,如图9.3所示。

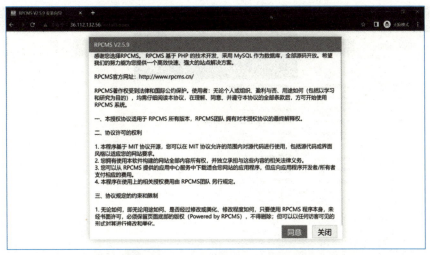

图 9.3 访问线上业务

单击"同意"按钮,开始检测环境支持和读写权限,进入安装向导页面。环境及目录权限检测过程如图9.4所示。

图 9.4 安装向导页面

单击"下一步"按钮,页面出现错误提示,如图9.5所示。

由图9.5可知,data、plugin、templates/index和upload文件显示"非www用户",因此修改data、plugin、templates/index和upload文件的属主和属组为www。若没有www用户,则需要创建www用户和组,具体命令如下所示。

```
[root@web1 ~]# id www
id: www: no such user
[root@web1 ~]# groupadd www
[root@web1 ~]# useradd -g www -s /sbin/nologin www
[root@web1 RPCMS-master]# id www
uid=1000(www) gid=1000(www) 组=1000(www)
```

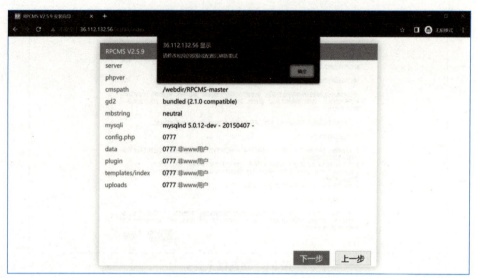

图 9.5　安装界面提示错误

修改 data、plugin、templates/index 和 upload 文件的属主和属组为 www，具体命令如下所示。

```
[root@web1 ~]# cd /webdir/RPCMS-master/
[root@web1 RPCMS-master]# ls
config.php   favicon.ico   plugin      route.php   system      uploads
data         index.php     README.md   static      templates
[root@web1 RPCMS-master]# chown www data/
[root@web1 RPCMS-master]# chown www plugin/
[root@web1 RPCMS-master]# chown www templates/index/
[root@web1 RPCMS-master]# chown www uploads/
```

刷新图 9.5 所示的页面，重新进入安装目录检测页面，如图 9.6 所示。

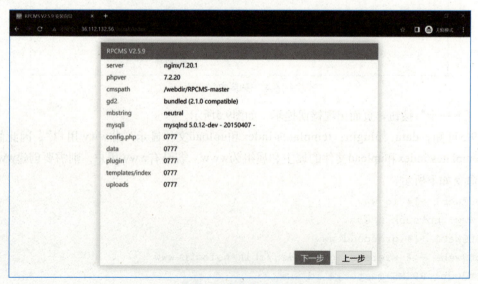

图 9.6　目录检测界面

由图9.6可知,安装目录一切正常。单击"下一步"按钮进入参数配置页面,开始填写MySQL数据库和网站管理员信息,如图9.7所示。

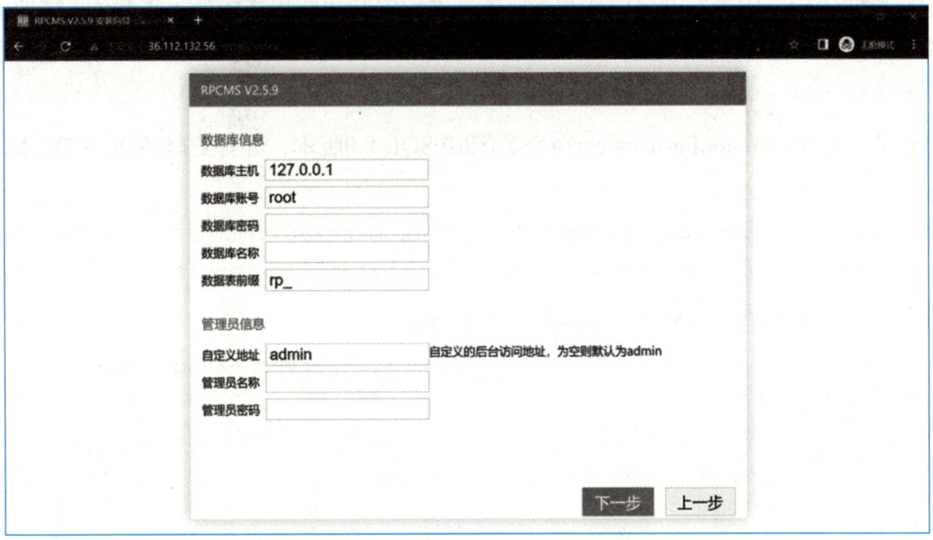

图 9.7 数据库配置页面

接下来配置数据库服务器,web1和web2需要使用同一个数据库才能使得数据同步。

9.3 部署数据库服务器

在数据库服务器上部署MySQL服务,用于存储并管理数据。首先,卸载系统自带的MariaDB,具体命令如下所示。

```
#查看已安装的MariaDB
[root@mysql ~]# rpm -qa | grep mariadb
mariadb-libs-5.5.65-1.el7.x86_64
#强制删除MariaDB
[root@mysql ~]# rpm -e --nodeps mariadb-libs-5.5.65-1.el7.x86_64
[root@mysql ~]# rpm -qa | grep mariadb
```

使用wget命令下载MySQL RPM包,具体命令如下所示。

```
[root@mysql ~]# wget https://dev.mysql.com/get/mysql80-community-release-el7-3.noarch.rpm
```

下载完成后,输入ls命令即可查看下载完成的MySQL镜像包。再使用RPM工具将该镜像包解析并更新至本机的镜像源中,具体命令如下所示。

```
[root@mysql ~]# ls
mysql80-community-release-el7-3.noarch.rpm
[root@mysql ~]# rpm -ivh mysql80-community-release-el7-3.noarch.rpm
warning: mysql80-community-release-el7-3.noarch.rpm: Header V3 DSA/SHA1
Preparing...                    #################################
```

```
Updating / installing...
  1:mysql80-community-release-el7-3   ################################
```

官方源配置完成后,服务器就可以使用yum命令进行安装并使用该软件。下载yum管理工具包,具体命令如下所示。

```
[root@mysql ~]# yum -y install yum-utils
```

下载完成后,使用yum-config-manager命令关闭MySQL 8.0版本,并开启MySQL 5.7版本,具体命令如下所示。

```
[root@mysql ~]# yum-config-manager --disable mysql80-community
[root@mysql ~]# yum-config-manager --enable mysql57-community
```

使用yum命令下载并安装MySQL,具体命令如下所示。

```
[root@mysql ~]# yum -y install mysql-community-server --nogpgcheck
……省略安装过程……
已安装:
  mysql-community-server.x86_64 0:5.7.38-1.el7

作为依赖被安装:
  libaio.x86_64 0:0.3.109-13.el7
  mysql-community-client.x86_64 0:5.7.38-1.el7
  mysql-community-common.x86_64 0:5.7.38-1.el7
  mysql-community-libs.x86_64 0:5.7.38-1.el7

完毕!
```

启动MySQL,并设置为开机自启,具体命令如下所示。

```
[root@mysql ~]# systemctl start mysqld
[root@mysql ~]# systemctl enable mysqld
```

查看root用户被授予的临时密码,具体命令如下所示。

```
[root@mysql ~]# grep "A temporary password" /var/log/mysqld.log
2022-06-08T06:33:34.949805Z 1 [Note] A temporary password is generated for root@localhost: a_g7Rd:fqUa&
```

由上述结果可知,MySQL的临时登录密码为"a_g7Rd:fqUa&"(随机)。下一步则登录数据库修改密码,创建数据库用户,并授予相关权限,具体命令如下所示。

```
[root@mysql ~]# mysql -u root -p'a_g7Rd:fqUa&'
mysql: [Warning] Using a password on the command line interface can be insecure.
Welcome to the MySQL monitor.  Commands end with ; or \g.
Your MySQL connection id is 2
Server version: 5.7.38

Copyright (c) 2000, 2022, Oracle and/or its affiliates.
```

```
Oracle is a registered trademark of Oracle Corporation and/or its
affiliates. Other names may be trademarks of their respective
owners.

Type 'help;' or '\h' for help. Type '\c' to clear the current input statement.

mysql>

--修改MySQL登录密码
mysql> ALTER USER 'root'@'localhost' IDENTIFIED WITH mysql_native_password BY
'qf@123.coM';
Query OK, 0 rows affected (0.00 sec)
--授予Web服务器权限
mysql> grant all on *.* to root@'192.168.1.%' identified by 'qf@123;.coM';
Query OK, 0 rows affected, 1 warning (0.00 sec)
--创建数据库用户qianfeng
mysql> create user qianfeng@'%' identified by 'qf@123.coM';
Query OK, 0 rows affected (0.06 sec)
--授予权限
mysql> grant all on *.* to 'qianfeng'@'%';
Query OK, 0 rows affected (0.00 sec)
--允许远程登录
mysql> use mysql
Database changed
mysql> update user set host = '%' where user='qianfeng';
Query OK, 0 rows affected (0.00 sec)
Rows matched: 0  Changed: 0  Warnings: 0
--刷新
mysql> flush privileges;
Query OK, 0 rows affected (0.00 sec)
```

由上述结果可知，新建数据库用户为qianfeng，登录密码为"qf@123.coM"。初始化数据库之后，在网站根目录下编写test.php文件，测试网站是否能与数据库连通。若可以成功连接则返回Successfully connected，否则返回Fail。文件内容如下。

```
[root@web1 ~]# cat /webdir/RPCMS-master/connect.php
<?php
$link=mysqli_connect('192.168.1.17','qianfeng','qf@123.coM');
if ($link)
echo "Successfully connected";
else
echo "Fail";
mysql_close();
?>
```

此处需要注意的是，PHP从7.0版本开始废除了mysql_connect()函数，替代它们的是mysqli_connet()函数。编写完成后，在浏览器中访问connect.php，结果如图9.8所示。

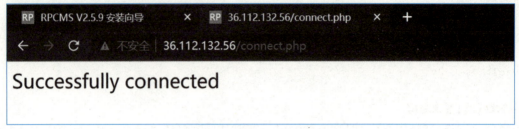

图9.8　MySQL 连接结果

由图9.8可知，当前网站与数据库可以成功交互，说明LNMP分离部署完成。

为内容管理系统创建数据库rpcms，并授予qianfeng用户管理该数据库的权限，具体命令如下所示。

```
--创建rpcms数据库
mysql> create database rpcms;
Query OK, 1 row affected (0.00 sec)

mysql>  show databases;
+--------------------+
| Database           |
+--------------------+
| information_schema |
| mysql              |
| performance_schema |
| rpcms              |
| sys                |
+--------------------+
5 rows in set (0.00 sec)
--授予qianfeng管理数据库的权限
mysql> grant all on *.* to 'qianfeng'@'%';
Query OK, 0 rows affected (0.00 sec)
--刷新
mysql> flush privileges;
Query OK, 0 rows affected (0.00 sec)
```

数据库服务器配置完成后，开始填写图9.7的MySQL数据库和网站管理员信息，如图9.9所示。

在数据库配置页面填写数据库信息时，必须保证信息的真实性，否则无法连接到数据库。填写完成后，单击"下一步"按钮，即可开始安装，如图9.10所示。

至此，内容管理网站安装完成，单击"访问后台"按钮输入网站管理员信息，即可登录网站，如图9.11所示。

输入"用户名"和"密码"后，单击"登录"按钮，进入网站管理后台，如图9.12所示。

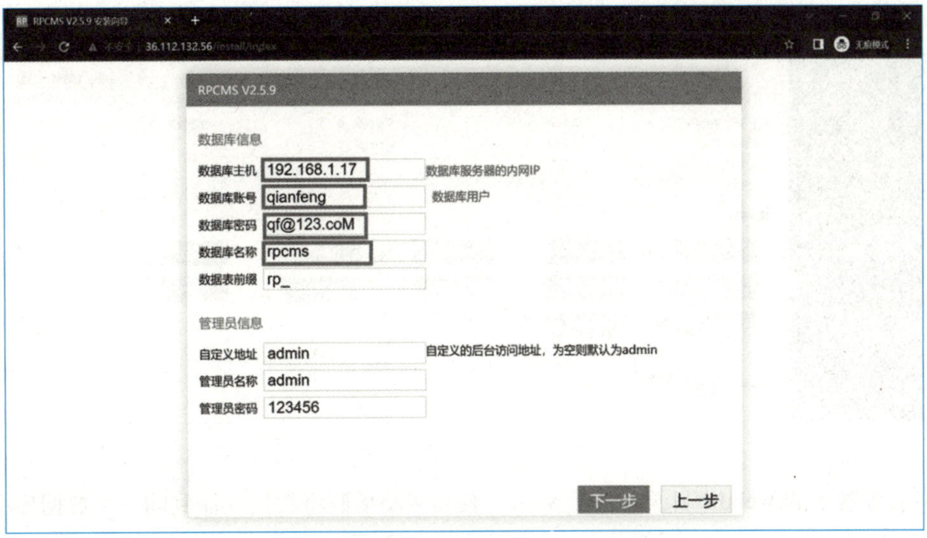

图 9.9　数据库配置页面

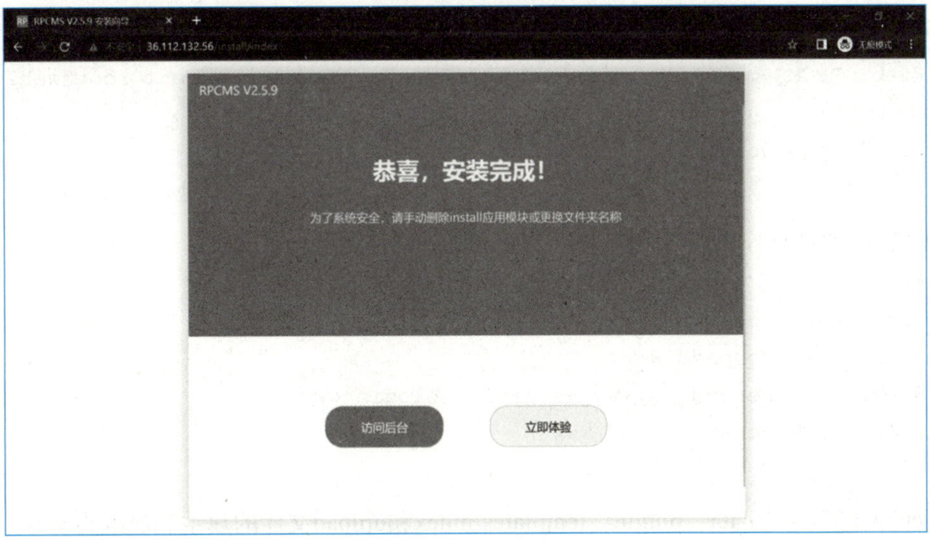

图 9.10　安装成功页面

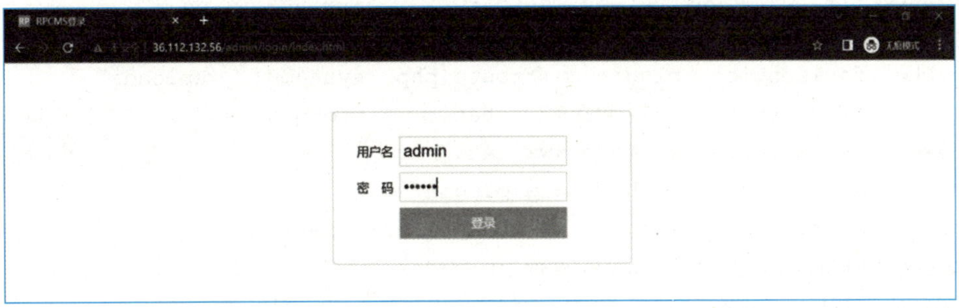

图 9.11　登录页面

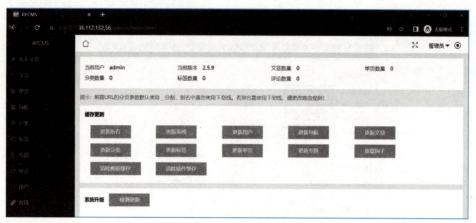

图 9.12　后台登录页面

将web1服务器上的/webdir/目录复制到web2，使得Web集群将数据存储到同一个数据库中，具体命令如下所示。

```
[root@web1 ~]# scp -r /webdir/ root@web2:/
```

将web1的网站配置文件复制给web2，具体命令如下所示。

```
[root@web1 RPCMS-master]# scp -r /etc/nginx/conf.d/rpcms.conf root@web2:/etc/nginx/conf.d/
root@web2's password:
rpcms.conf                                        100%   763     3.4MB/s   00:00
```

若web2没有www用户，则需要创建www用户和组，具体命令如下所示。

```
[root@web1 ~]# id www
id: www: no such user
[root@web1 ~]# groupadd www
[root@web1 ~]# useradd -g www -s /sbin/nologin www
[root@web1 RPCMS-master]# id www
uid=1000(www) gid=1000(www) 组=1000(www)
```

修改web2网站目录下data、plugin、templates/index和upload文件的属主和属组为www，具体命令如下所示。

```
[root@web1 ~]# cd /webdir/RPCMS-master/
[root@web1 RPCMS-master]# ls
config.php   favicon.ico   plugin     route.php   system      uploads
data         index.php     README.md  static      templates
[root@web1 RPCMS-master]# chown www data/
[root@web1 RPCMS-master]# chown www plugin/
[root@web1 RPCMS-master]# chown www templates/index/
[root@web1 RPCMS-master]# chown www uploads/
```

修改网站目录的权限，具体命令如下所示。

```
[root@web1 RPCMS-master]# chmod 777 -R /webdir/RPCMS-master/*
```

重启web2服务器的Nginx，然后访问web2的IP地址，会直接访问到网站首页，如图9.13所示。

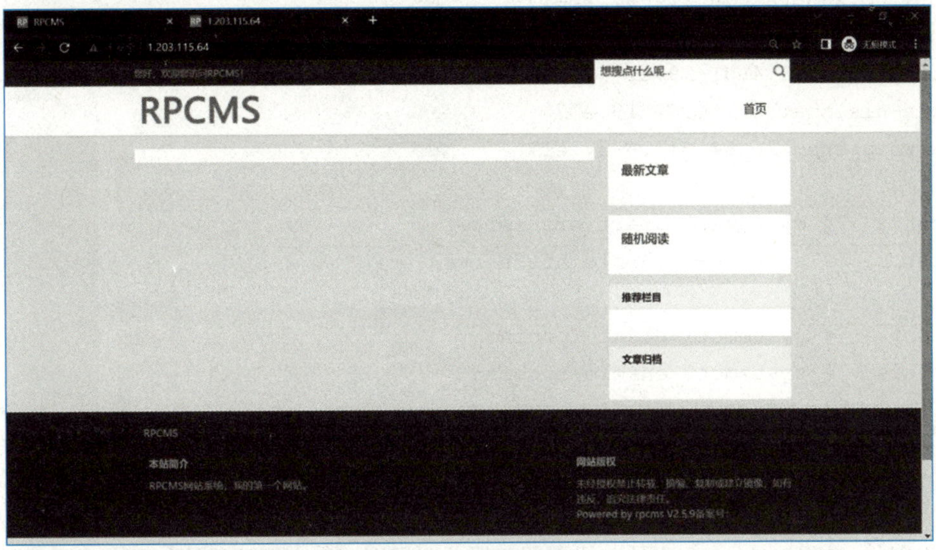

图 9.13　登录首页

由图9.13可知，web集群已经成功完成业务上线。

9.4　共享存储

在成功上线网站系统后，所有资源都存储于Web服务器与数据库中。为了提高Web服务器的效率和稳定性，需要将Web服务器中的静态资源文件存储在共享存储服务器上，并通过NFS进行共享，以实现Web集群读写数据都从NFS挂载的目的。具体实现的步骤如下。

9.4.1　配置 NFS 服务

首先在NFS服务器中下载并安装NFS，启动该项服务，并设置开机自启，具体命令如下所示。

```
[root@nfs ~]# yum -y install nfs-utils rpcbind
……省略安装过程……
Installed:
  nfs-utils.x86_64 1:1.3.0-0.68.el7.2        rpcbind.x86_64 0:0.2.0-49.el7

Dependency Installed:
  gssproxy.x86_64 0:0.7.0-30.el7_9
  keyutils.x86_64 0:1.5.8-3.el7
  libbasicobjects.x86_64 0:0.1.1-32.el7
  libcollection.x86_64 0:0.7.0-32.el7
  libevent.x86_64 0:2.0.21-4.el7
  libini_config.x86_64 0:1.3.1-32.el7
  libnfsidmap.x86_64 0:0.25-19.el7
  libpath_utils.x86_64 0:0.2.1-32.el7
```

```
    libref_array.x86_64 0:0.1.5-32.el7
    libtirpc.x86_64 0:0.2.4-0.16.el7
    libverto-libevent.x86_64 0:0.2.5-4.el7
    quota.x86_64 1:4.01-19.el7
    quota-nls.noarch 1:4.01-19.el7
    tcp_wrappers.x86_64 0:7.6-77.el7

[root@nfs ~]# systemctl start nfs-server
[root@nfs ~]# systemctl enable nfs-server

[root@nfs ~]# systemctl start rpcbind
[root@nfs ~]# systemctl enable rpcbind
```

设置完成后,创建商城网站存放目录,用于接收网站数据,具体命令如下所示。

```
[root@nfs ~]# mkdir -p /webdir/RPCMS-master/uploads
[root@nfs ~]# mkdir -p /webdir/RPCMS-master/static
```

创建完成后,编辑/etc/exports文件,设置服务器共享规则。内容管理系统的uploads目录和static目录用于存储静态资源,故需设置这两个目录为共享目录,且共享对象为Web集群,具体命令如下所示。

```
[root@nfs ~]# vim /etc/exports
/webdir/RPCMS-master/uploads  192.168.1.0/24(rw,all_squash,anonuid=0,insecure)
/webdir/RPCMS-master/static/  192.168.1.0/24(rw,all_squash,anonuid=0,insecure)
```

修改NFS配置文档后,无须重启NFS,直接执行exportfs -rv命令即可使配置/etc/exports生效,具体命令如下所示。

```
[root@nfs RPCMS-master]# exportfs -rv
exporting 192.168.1.0/24:/webdir/RPCMS-master/static
exporting 192.168.1.0/24:/webdir/RPCMS-master/uploads
```

接下来为Web集群配置NFS文件共享,具体流程参见8.3.2节。

9.4.2 测试共享数据

资源共享部署完成后,可以对Web页面执行一些请求操作来验证部署结果。

登录内容管理网站后台,发布一篇文章,上传一张图片,如图9.14所示。

单击"发布文章"按钮,即可成功创建静态文件,用户通过单击"文章"选项栏查看已发布的文章。网页上传的文件则保存至网站根目录下的uploads目录中,查看Web服务器的uploads目录中的图片,具体命令如下所示。

```
#web1
[root@web1 ~]# tree -L 3 /webdir/RPCMS-master/uploads
/webdir/RPCMS-master/uploads
├── 202206
│   ├── 1654745802111372.png
│   └── thum-1654745802111372.png
└── index.html
```

```
1 directory, 3 files

#web2
[root@web2 ~]# tree -L 3 /webdir/RPCMS-master/uploads
/webdir/RPCMS-master/uploads
├── 202206
│   ├── 1654745802111372.png
│   └── thum-1654745802111372.png
└── index.html

1 directory, 3 files
```

图 9.14　发布文章

查看NFS共享存储服务器中是否同步数据，具体命令如下所示。

```
[root@nfs ~]# ls /webdir/RPCMS-master/uploads/
202206   index.html
[root@nfs ~]# ls /webdir/RPCMS-master/uploads/202206/
1654745802111372.png   thum-1654745802111372.png
```

由上述结果可知，NFS共享存储服务器部署成功。

9.5　共享存储实时备份

　　NFS的部署方式参见4.4节的内容。用户可以将rsync和inotify需要实现的功能写入脚本，并使其能够在系统启动时执行。

　　为了确保该脚本能够在系统启动时自动执行，需要进行开机脚本自动化配置。有多种适用于不同系统版本的配置方式可供选择，读者可以根据自己的操作系统和需求任选一种方式。这里，使用chkconfig命令将脚本设置为开机自动执行，其步骤如下所示。

①将脚本（启动文件）移动到/etc/init.d/或者/etc/rc.d/init.d/目录下。

```
[root@nfs ~]# mv /real_time_backup.sh /etc/init.d/
```

②脚本内容前面必须添加如下2行代码，否则会提示chkconfig不支持。

◎ #!/bin/sh：表示系统使用的Shell命令解释器。

◎ #chkconfig：例如，"#chkconfig:35 20 80"分别代表运行级别，启动优先权，关闭优先权。

脚本文件具体如下所示。

```
[root@nfs ~]# cat /etc/init.d/real_time_backup.sh
#!/bin/bash
#chkconfig: 35 20 80
#description: http server
 while :
do

srcdir=/webdir
inotifywait -rq --timefmt '%d/%m/%y-%H:%M' --format '%T %w%f' -e modify,create,attrib,delete,move ${srcdir} \
 | while read file
do
  echo "${file} is notified!"
    rsync -aH --port=873 --progress  /webdir/* rsync_backup@192.168.1.225::webdir/ --password-file=/etc/rsync.password
  done
  done
```

③设置脚本的可执行权限。

```
[root@nfs ~]# chmod +x /etc/init.d/real_time_backup.sh
```

④添加脚本到开机自动启动项目中。添加到chkconfig，开机自启动。

```
[root@nfs ~]# cd /etc/init.d/
[root@nfs init.d]# chkconfig --add real_time_backup.sh
[root@nfs init.d]# chkconfig real_time_backup.sh on
```

重启系统，验证脚本是否执行，备份目录是否被同步备份，具体命令如下所示。

```
[root@nfs init.d]# reboot
#创建文件
[root@nfs ~]# cd /webdir/
[root@nfs webdir]# touch {a,b}.text
[root@nfs webdir]# touch {XX,YY}.text
[root@nfs webdir]# ls
1.test.file  3.test.file  b.text       XX.text
2.test.file  a.text       RPCMS-master YY.text
#查看备份机目录是否同步
[root@backup webdir]# ls /webdir/
```

```
1.test.file   3.test.file   b.text         XX.text
2.test.file   a.text        RPCMS-master   YY.text
```

由上述结果可知，backup服务器已成功实现实时备份。

9.6 部署 HAProxy 七层负载

安装HAProxy服务软件，以实现负载均衡功能，同时配置两台负载均衡服务器实现主备模式。如果需要上线多个业务，也可以配置两台负载均衡服务器实现主主模式，为不同的业务提供不同的对外服务功能。同时安装Keepalived服务软件，实现两台负载服务器的高可用性。

9.6.1 Keepalived 主备模式

本项目借助HAProxy可以快速、可靠地构建一个负载均衡群集。使用HAProxy构建群集时，如果其中一台HAProxy服务器宕机，虽然Web服务器仍正常运行，但整个网站将会处于瘫痪状态，这就造成了单点故障。为了解决这个问题，本章还介绍了Keepalived的使用，通过在两台主机之间配置一个虚拟IP（又称漂移IP）实现高可用性。漂移IP由主服务器承担，一旦主服务器宕机，备服务器就会接替它的工作并占有漂移IP。这两种技术的结合有效地解决了集群中的单点故障。

让HAProxy监听Keepalived的漂移IP工作，当HAProxy宕机时，备机抢占漂移IP继续承担着负载均衡的工作。

1. Keepalived 主节点配置

查看本机是否安装Keepalived软件，具体命令如下所示。

```
[root@lb01 ~]# rpm -qa keepalived
```

安装Keepalived软件，具体命令如下所示。

```
[root@lb01 ~]# yum -y install keepalived
#查看已安装的Keepalived软件
[root@lb01 ~]# rpm -qa keepalived
keepalived-1.3.5-19.el7.x86_64
```

修改后的Keepalived的配置文件如下所示。

```
[root@lb01 ~]# cat /etc/keepalived/keepalived.conf
! Configuration File for keepalived

global_defs {
    notification_email {
    }
    smtp_server 127.0.0.1
    smtp_connect_timeout 30
    router_id lb01
}

vrrp_instance VI_1 {
```

```
        state MASTER
        interface eth0
        virtual_router_id 51
        priority 100
        advert_int 1
        authentication {
            auth_type PASS
            auth_pass 1111
        }
        virtual_ipaddress {
            192.168.1.250/24 dev eth0
        }
}
```

由上述内容可知,虚拟IP设为192.168.1.250。

Keepalived配置完成后,启动Keepalived服务,并设置为开机自启,具体命令如下所示。

```
[root@lb01 ~]# systemctl start keepalived
[root@lb01 ~]# systemctl enable keepalived
```

检查虚拟IP是否设置成功,具体命令如下所示。

```
[root@lb01 ~]# ip a | grep '192.168.1.250'
    inet 192.168.1.250/24 scope global secondary eth0
```

由上述结果可知,Keepalived主服务器配置完成。

2. Keepalived备节点配置

查看备机lb02是否安装Keepalived软件,具体命令如下所示。

```
[root@lb02 ~]# rpm -qa keepalived
```

如果没有,则需要安装Keepalived软件,具体命令如下所示。

```
[root@lb02 ~]# yum -y install keepalived
```

修改Keepalived备节点(lb02)的配置文件,具体命令如下所示。

```
[root@lb02 ~]#  cat /etc/keepalived/keepalived.conf
! Configuration File for keepalived

global_defs {
    notification_email {
    }
    smtp_server 127.0.0.1
    smtp_connect_timeout 30
    router_id lb02
}

vrrp_instance VI_1 {
    state BACKUP
```

```
    interface eth0
    virtual_router_id 51
    priority 90
    advert_int 1
    authentication {
        auth_type PASS
        auth_pass 1111
    }
    virtual_ipaddress {
        192.168.1.250/24 dev eth0
    }
}
```

由上述内容可知，route_id为lb02，state为BACKUP，且优先级priority为90，低于主节点。

启动Keepalived服务，并设置为开机自启，具体命令如下所示。

```
[root@lb02 ~]# systemctl start keepalived
[root@lb02 ~]# systemctl enable keepalived
```

9.6.2 部署 HAProxy 负载均衡

在lb01和lb02服务器上安装HAproxy软件，具体命令如下所示。

```
#lb01
[root@lb01 ~]# yum -y install epel-release
[root@lb02 ~]# yum -y install haproxy

#lb02
[root@lb01 ~]# yum -y install epel-release
[root@lb02 ~]# yum -y install haproxy
```

安装HAProxy后，编辑其配置文件/etc/haproxy/haproxy.cfg，修改部分参数，使其适用于当前环境。修改完成后，配置文件的主要内容具体如下所示。

```
global                            #全局配置
    log 127.0.0.1 local3 info     #日志配置
    maxconn 4096                  #最大连接限制（优先级低）
        uid nobody
        gid nobody
    daemon
    nbproc 1                      #处理HAProxy进程的数量
defaults
    log             global
    mode            http
    maxconn         2048
    retries         3
    option redispatch
```

```
        stats uri      /haproxy              #设计统计页面的URI为/haproxy
        stats auth     qianfeng:123          #设置统计页面认证的用户与密码
#       stats hide-version                   #隐藏统计页面上的HAProxy版本信息
        contimeout           5000            #重传计时器
        clitimeout           50000           #向后长连接
        srvtimeout           50000           #向前长连接
#       timeout connect      5000
#       timeout client       50000
#       timeout server       50000

frontend http-in
    bind 192.168.1.250:80
    mode http                                #定义为HTTP模式
    log global                               #继承global中log的定义
    option httplog                           #启用日志记录HTTP请求
    option httpclose         #每次请求完毕后主动关闭http通道,HAProxy不支持keep-alive模式
    acl html url_reg  -i  \.html$
    use_backend html-server if  html
    default_backend html-server

backend html-server
    mode http
    balance roundrobin
    option httpchk GET /index.html
    cookie SERVERID insert indirect nocache
    server html-A web1:80 weight 1 cookie 3 check inter 2000 rise 2 fall 5
    server html-B web2:80 weight 1 cookie 4 check inter 2000 rise 2 fall 5
```

为两台负载均衡器配置相同的文件内容,配置完成后启动HAProxy,具体如下所示。

```
#lb01-主机
[root@lb01 ~]# systemctl start haproxy
[root@lb01 ~]# systemctl status haproxy | grep 'Active'
   Active: active (running) since 五 2022-06-10 16:58:40 CST; 7min ago

#lb02-备机
[root@lb02 ~]# systemctl start haproxy
[root@lb02 ~]# systemctl status haproxy | grep 'Active'
   Active: failed (Result: exit-code) since 五 2022-06-10 17:07:32 CST; 15s ago
```

由上述结果可知,主机的HAProxy服务已经成功启动并运行,而备机的HAProxy服务启动失败。这是由于备机监听了漂移IP,但是备服务器上没有漂移IP。针对这一问题,可以通过配置/etc/sysctl.conf文件解决,具体配置如下所示。

```
[root@lb02 ~]# vim /etc/sysctl.conf
#忽略监听ip的检查
```

net.ipv4.ip_nonlocal_bind = 1

执行sysctl命令，使配置文件生效，具体命令如下所示。

[root@lb02 ~]# sysctl -p
net.ipv4.ip_nonlocal_bind = 1

重新启动备机lb02的HAProxy服务，具体命令如下所示。

[root@lb02 ~]# systemctl start haproxy
[root@lb02 ~]# systemctl status haproxy | grep 'Active'
   Active: active (running) since 五 2022-06-10 17:15:05 CST; 2s ago

由上述结果可知，lb02服务器的HAProxy服务正在运行。

3. 客户端测试

使用浏览器访问负载均衡器lb02的IP地址，具体如图9.15所示。

图 9.15　访问测试页面

使用浏览器访问负载均衡器lb02的IP地址，具体如图9.16所示。

图 9.16　访问测试页面

由图9.15和图9.16可知，通过访问lb01和lb02的IP均能访问到网站业务首页。换言之，用户的访问请求均可通过负载均衡器转发至后端Web集群。

接下来，访问虚拟IP绑定的公网IP（36.112.137.191），以模拟客户端访问网站，如图9.17所示。

图9.17　客户端访问网站

至此，本章集群项目已经部署完成。在服务器中，用户可为VIP（36.112.137.191）绑定域名，以隐藏IP地址，增强网站安全性。

小　　结

本章综合项目以LNMP架构为基础，实现了业务上线、数据库分离部署、共享存储实时备份以及以Keepalived+HAProxy七层负载为核心内容，构建了一个小型新闻系统网站集群。通过本项目实践的目的在于，帮助读者进一步掌握提升Linux集群的稳定和高效性能的技能，理解网站管理人员的工作职责。

在实际工作中，集群架构的设计绝对不是一件简单轻松的事情，千万级，甚至亿万级的高可用网站架构的实现也并非一蹴而就。而是在生产环境的性能遇到瓶颈后，不断升级和优化而来的。希望本书能帮助读者提升自己的专业技能，优化自己的网站架构，对今后的学习有所助益。

本书篇幅有限，望读者"始于此，但不止于此"，如有兴趣可学习更多的Linux集群的相关知识，为自己的职业技能积累更多知识。

习　　题

在七层负载集群中为负载部署高可用服务，部署共享存储实时备份服务。